中国海洋新兴产业指数报告
2022

主 编 王云飞 宋维玲

中国海洋大学出版社
·青岛·

图书在版编目（CIP）数据

中国海洋新兴产业指数报告.2022／王云飞，宋维玲主编.—青岛：中国海洋大学出版社，2024.1
ISBN 978-7-5670-3680-2

Ⅰ.①中…　Ⅱ.①王…　②宋…　Ⅲ.①海洋开发—新兴产业—指数—研究报告—中国—2022　Ⅳ.① P74

中国国家版本馆 CIP 数据核字（2023）第 203288 号

ZHONGGUO HAIYANG XINXING CHANYE ZHISHU BAOGAO 2022

中国海洋新兴产业指数报告.2022

出版发行	中国海洋大学出版社
社　　址	青岛市香港东路23号　　邮政编码　266071
网　　址	http：//pub.ouc.edu.cn
出 版 人	刘文菁
责任编辑	邓志科
电　　话	0532-85901040
电子信箱	dengzhike@sohu.com
印　　制	蓬莱利华印刷有限公司
版　　次	2024 年 1 月第 1 版
印　　次	2024 年 1 月第 1 次印刷
成品尺寸	185 mm × 260 mm
印　　张	13.25
字　　数	260 千
印　　数	1-1000
定　　价	68.00 元
订购电话	0532-82032573（传真）

发现印装质量问题，请致电 0535-5651533，由印刷厂负责调换。

编　委　会

主　编：王云飞　宋维玲

副主编：王志玲　杨　照　丁仕伟　贾庆佳

编　委：（按姓氏拼音排序）

李　静　李　鹏　李瑞敏　刘　斌　马　良

秦洪花　宋　伟　苏　林　唐丹宁　王本慧

王春莉　王苗苗　王梓铭　辛洪源　杨雯漪

赵　霞　朱延雄

著者单位：国家海洋信息中心

青岛市科学技术信息研究院

青岛海洋科技中心

万链指数（青岛）信息科技有限公司

《中国海洋新兴产业指数报告2022》研究团队

一、研究分工

报告统筹：王云飞　宋维玲　杨　照　丁仕伟

数据挖掘：贾庆佳　李瑞敏　辛洪源　王梓铭

数据清理：王志玲　秦洪花　赵　霞　李　静　王春莉　朱延雄

图表设计：王云飞　王志玲　宋　伟　赵　霞　秦洪花　李　静　王春莉
　　　　　朱延雄

报告执笔：王志玲　秦洪花　赵　霞　李　静　王春莉　朱延雄　杨雯漪
　　　　　刘　斌　李　鹏　马　良　王苗苗

报告审校：王云飞　王志玲　秦洪花　赵　霞　李　静　王春莉　朱延雄
　　　　　杨雯漪　刘　斌　李　鹏　马　良　王苗苗　苏　林　唐丹宁
　　　　　王本慧

二、报告撰写

王志玲：主要执笔第一章第一节、第五节、第六节，第四章第一节、第三节和第四节

李　静：主要执笔第一章第二节，第三章第一节、第三节和第四节

秦洪花：主要执笔第一章第三节，第六章第一节、第三节和第四节

赵　霞：主要执笔第一章第四节，第五章第一节、第三节和第四节

王春莉：主要执笔第二章第一节、第三节和第四节

朱延雄：参与执笔第二章第二节、第三节

杨雯漪：主要执笔第二章第二节、第四节

刘　斌：主要执笔第三章第二节、第四节

李　鹏：主要执笔第四章第二节、第四节

马　良：主要执笔第五章第二节、第四节

王苗苗：主要执笔第六章第二节、第四节

前　言

习近平总书记在党的二十大报告中强调，发展海洋经济，保护海洋生态环境，加快建设海洋强国。海洋新兴产业作为海洋经济新的增长点，对推动海洋经济高质量发展具有重要战略意义。

海洋新兴产业研究是一个专业性极强的课题。目前，海洋新兴产业尚无标准定义，同时，相关数据难以获得，无论政府还是投资者，往往缺少对海洋新兴产业现状和趋势的客观、全面、及时的了解。为此，课题组尝试从大数据视角、企业维度，量化我国海洋新兴产业活动现状，勾画海洋新兴产业发展全景，为培育海洋新兴产业，优化海洋产业生态、指导产业投资、建设海洋强国提供决策参考。

中国海洋新兴产业指数基于《海洋及相关产业分类》中新兴产业相关的133个小类，运用自然语言处理技术，自动识别涉海企业。在此基础上，通过构建包含人力投入、资本热度、科创能力、市场信心四个一级指标，人员招聘平均薪酬、研发人员数量、企业融资金额、招投标数量、发明专利数量等十个二级指标的评价体系，以2018年1月为基期，对企业进行跟踪，实现月度监测。同时，该指数可以实现细分行业以及重点省市分析。

从客观性上来讲，中国海洋新兴产业指数从跟踪每个企业在人力、资本、科创等方面的真实市场行为来反映、评估我国海洋新兴产业变化的一个指标体系，能够剔除人为因素，相对真实。从全面性上来讲，海洋新兴产业总指数能够反映海洋新兴产业的总体情况和变化趋势，而各项指标能够反映企业经营活动的各个侧面，行业指数能够反映海洋产业结构调整步伐，区域指数能够反映不同区域产业发展态势。从及时性上来讲，指标数据源于大数据的采集，根据数据采样的周期，可以实现月度、季度和年度不同时间段的大数据监测，增强海洋新兴产业景气活力分析的时效性。

《中国海洋新兴产业指数报告2022》由国家海洋信息中心、青岛市科学技术信息研究院、青岛海洋科技中心、青岛市万链指数（青岛）信息科技有限公司四方联合编写。本书共包括六章内容。第一章是从总指数、四个分指数以及区域指数的角度对 2022 年中国海洋新兴产业指数进行评价。第二章到第六章分别对海洋水产种业、海洋生物医药与制品、海洋工程装备、海上风电、海洋电子信息五个重点细分行业进行全景图谱分析。

　　囿于我们对海洋新兴产业的理解和认识，大数据视角的海洋新兴产业研究仍处于初级阶段。本报告不足之处，敬请批评指正。最后，对所有支持和参与本报告的单位和个人表示由衷的感谢。

中国海洋新兴产业指数课题组

2023 年 4 月

CONTENTS
目 录

第一章

中国海洋新兴产业指数评价

2022年，中国海洋新兴产业指数为165，同比增长11.9%。人力投入、资本热度、科创能力、市场信心四个分指数分别为36.8、48.9、41.4和38.3。其中，人力投入、资本热度同比增长8.7%、64.8%，科创能力、市场信心同比下降8.9%和1.4%。表明面对2022年疫情延宕反复等系列困难，我国海洋新兴产业充分展现了发展韧性和市场活力，呈现稳步发展态势。2022年海洋新兴产业发展呈现四个特点：

一是海洋新兴产业指数稳中向好。月度监测显示，海洋新兴产业指数由2022年1月的147增长到12月的182，年度均值为165，同比增长11.9%。2022年新招聘人员平均工资首次过万元，新增专利申请2.3万件，发布招标3.9万项，数量为去年同期的2.2倍，中标3.38万项，同比增长56.5%，全年新增企业1.69万家，同比增长3.2%。表明2022年海洋新兴产业对人才和科技创新的投入持续加大，工程项目加快推进，营商环境持续优化，市场主体数量稳步上升。

二是现代海洋船舶工业和海洋工程装备制造业拉动产业发展。2022年，12个细分行业中海洋工程装备制造业、现代海洋船舶工业行业指数较上年分别增长27.2%和15.9%。在全球航运高需求、高运价的推动下，全球船舶市场整体繁荣，我国三大造船指标全球领先，推动我国海洋船舶工业和海洋工程装备制造业企业招标需求急速释放，两个行业招标数量分别是去年同期的5.6倍和3.5倍，占海洋新兴产业企业招标数量的45.6%，反映了我国船舶海工装备市场空间呈现快速增长态势。

三是山东、江苏、广东三强领跑地位不断加强。从省指数全国占比看，山东、江苏、广东三省的贡献历年均在10%以上，是海洋新兴产业的中坚力量。2022年三省贡献度达到42.7%，较上年提高1个百分点，三强领跑局面日益凸显。沿海城市海洋新兴产业指数呈现梯次发展态势，上海、广州、青岛位居第一梯队，对总指数的贡献合计占比18.6%。

四是沿海城市海洋创新平台建设拉动中标市场增长。2022年，海洋新兴产业中标项目监测显示，沿海地区高度重视并强力推动海洋创新平台建设。全年海洋新兴产业企业中标数量同比增长56.5%，其中来自青岛、三亚、深圳等沿海城市的海洋创新平台建设需求较上一年明显增多。

第一节　总指数分析

　　以 2018 年 1 月为基期 100，2019—2022 年海洋新兴产业指数分别为 102、130、148 和 165（图 1-1）。2022 年海洋新兴产业指数同比增长 11.9%。2022 年海洋新兴产业指数分别在 6 月和 11 月出现峰值。其中，6 月总指数达到 172，主要由招标数量增加带来的资本热度指数增长。11 月总指数达到年度峰值 217，主要源于招标数量和中标数量的增加带动资本热度指数和市场信心指数达到监测以来最高值。表明海洋新兴产业在资本、市场等要素带动下，总体呈现稳步向好态势。2022 年，人力投入、资本热度、科创能力、市场信心四个分指数对总指数的贡献分别为 22.6%、29.1%、25.3% 和 23.0%，与 2021 年相比，资本热度指数的贡献度提高 9.1 个百分点，人力投入、科创能力和市场信心指数同比下降 0.5、5.4 和 3.1 个百分点。

图1-1　2018—2022年海洋新兴产业指数月度趋势

第二节　人力投入分指数分析

人力的投入是海洋新兴产业的基本特征。人才去了哪儿，哪个行业、哪个地方的经济就充满了活力。人力投入分指数由海洋新兴产业人员平均薪酬、海洋新兴产业研发人员数两个指标构成，主要体现海洋新兴产业吸引人力资本的竞争力和技术创新的人才投入力度。

一、海洋新兴产业人力投入分指数持续增长

自 2018 年指数监测以来，人力指数总体呈现波动增长趋势（图 1-2A）。2018—2022 年海洋新兴产业人力投入分指数为 22.3、24.8、27.3、33.9 和 36.8，年均增长 13.3%，在四个分指数中居第三位，与总指数平均增速相当。2022 年人力投入分指数对总指数的贡献率为 22.6%，同比下降 0.5 个百分点，位于资本热度指数、科创能力指数和市场信心指数之后，对海洋新兴产业总指数的贡献减小。

人力投入分指数的两个指标中，研发人员数量对人力投入指数的贡献略高于平均薪酬，2022 年的研发人员数量指数贡献率为 58.1%，同比提高 1.6 个百分点（图 1-2B）。

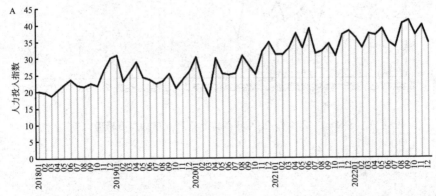

图1-2　2018—2022年人力投入指数月度趋势及平均薪酬、研发人员数量趋势及贡献值

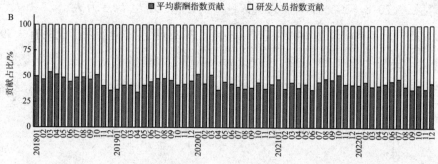

图1-2 2018—2022年人力投入指数月度趋势及平均薪酬、研发人员数量趋势及贡献值（续）

二、海洋新兴产业薪酬平稳增长

自2018年开始监测以来，海洋新兴产业的薪酬水平呈现区间波动、总体平稳增长的趋势（图1-3）。2018—2022年招聘月薪分别为6 863元、6 808元、7 340元、9 607元及10 066元。2022年海洋新兴产业招聘月薪同比增长4.8%。与财新智库和数联铭品发布的中国新经济指数中新经济行业[1]入职平均月薪相比，海洋新兴产业从业人员入职月薪仍有近3 700元的差距，且差距有增大趋势。表明近几年来海洋新兴产业在薪酬方面的竞争力弱于新经济行业。

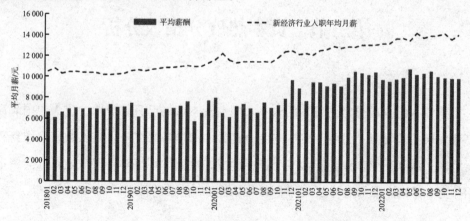

图1-3 2018—2022年海洋新兴产业从业人员月均薪酬月度分布

三、海洋新兴产业研发人员数量保持增长

自2018年监测以来，从事专利研发的人员数量保持平稳增长的态势，企业研发活

---

1 注：新经济行业包括节能与环保业、新一代信息技术和信息服务业、生物医药产业、高端装备制造产业、新能源产业、新材料产业、新能源汽车产业、科学研究和技术服务业、金融和法律服务业、体育文化和娱乐业等10个类别145个细分行业。

动持续活跃。2018—2022 年研发人员数量分别为 3.5 万人、4.3 万人、4.7 万人、5.6 万人和 6.1 万人，年均增速达 14.9%（图 1-4）。2022 年，海洋新兴产业共有 3 891 家企业申请公开发明专利约 2.3 万件，约 6.1 万人从事专利研发活动，研发人员数量同比增长 7.7%。说明海洋新兴产业研发人员保持平稳增长的态势，企业研发活动持续活跃。

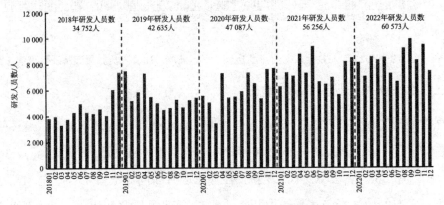

图1-4　2018—2022年海洋新兴产业研发人员数量分布

第三节　资本热度分指数分析

资本流入的方向是经济发展的未来。当前资本市场已日趋成熟，成为中国海洋新兴产业发展的重要推动力量。资本热度分指数由海洋新兴产业融资次数、海洋新兴产业融资额、海洋新兴产业招标数三个指标构成，主要体现海洋新兴产业对社会资本的吸引能力和涉海企业对海洋新兴产业未来市场发展前景的预期。

一、海洋新兴产业资本热度分指数跃升新高度

自 2018 年指数监测以来，资本热度分指数总体呈现增长趋势，2018、2019、2020、2021、2022 年海洋新兴产业资本热度分指数为 20.6、19.0、27.5、29.7、48.9，年均增长 24.1%，增速位居四个一级指数之首，高于总指数 13.2% 的平均增速 10.9 个百分点（图 1-5A）。2022 年，资本热度分指数跃升到一个新高度并维持在高位，资本热度年平均指数值为 48.9，同比增长 64.8%，月增速达 9.5%，指数值从 1 月的

22.56 一路攀升，10 月达到年度峰值 69.63，其中 6—7 月、10—12 月共五个月时间指数值维持在 60 以上的高位，呈现出资本热度分指数发展的良好态势。资本热度分指数对总指数的贡献达 29.1%，位于四个分指数之首。同时，该贡献率也是 5 年来最高值，比 2021 年 20.0% 的贡献率提升了 9.1 个百分点，反映出资本因素对拉动海洋新兴产业总指数的贡献在加大。

资本热度分指数的三个指标中，2022 年招标数量大幅增加，招标数量指数对资本热度指数的贡献达 84.7%，比 2020 年提升 21 个百分点，4—7 月和 11 月的贡献率超过 90%，拉动资本热度指数达到历史峰值 69.63。融资次数和融资金额对资本指数的贡献率出现下降。融资次数指数贡献占 12.5%，贡献较大的月份主要集中在 1—2 月，贡献率达 20%~32%；融资金额指数贡献占 2.8%，相对较好的月份集中在 1 月、8 月，贡献率达 7%~9%（图 1-5B）。

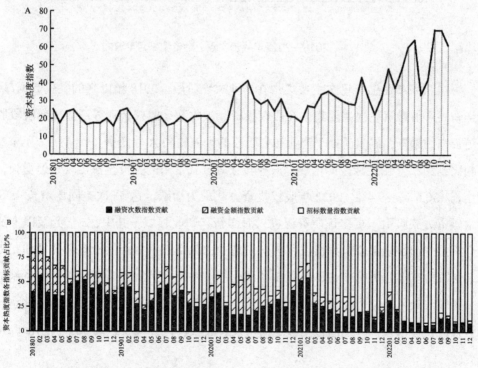

图1-5　资本热度指数趋势及融资次数指数、融资金额指数及招标数量趋势及贡献值

二、海洋新兴产业融资水平处于低位

海洋新兴产业披露融资数量及金额处于监测以来最低位。监测数据显示，2018—2022 年，海洋新兴产业共有近 687 家企业发起融资 738 余次，披露融资金额达 2 413.4

亿元。2018、2019、2020、2021 及 2022 年披露的融资金额分别为 512.6 亿元、399.9 亿元、853.8 亿元、465.0 亿元及 183.95 亿元。2022 年，海洋新兴产业共有 98 家企业发起公开融资 110 次，披露融资金额 183.95 亿元，相比 2021 年融资企业数量减少 34 家，融资次数减少 21.9%，融资金额下降 279.12 亿元（图 1-6）。

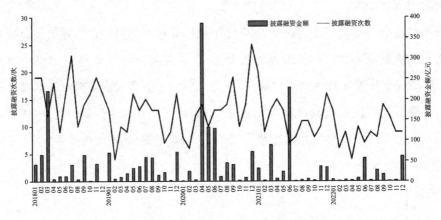

图1-6　2018—2022年融资次数、融资金额月度分布

　　海洋新兴产业融资轮次主要集中在产业成熟阶段。2018 年以来的融资数据显示，海洋新兴产业融资轮次主要集中在股权投资、被收购、股权转让等产业成熟阶段股权变更带来的融资，以及尚处于产业初期阶段的天使轮和 A 轮融资（图 1-7）。与 2021 年相比，2022 年由主板定向增发、股权转让等方式带来的融资金额出现快速增长，分别增长 130.6%、89.4%。2022 年股权投资方式最为活跃，达 55 次，同比增长 48.6%，以上融资方式吸引了更多优质资源进入海洋新兴产业领域。其中，5 亿元及以上的大额融资共 5 起，全部来自海洋工程装备制造业：北京三一重能股份有限公司和无锡化工装备股份有限公司通过 IPO 融资 56.11 亿元和 11.98 亿元；江苏长风海洋装备制造有限公司被天顺风能公司收购，获融资 30 亿元；辽宁大金重工股份有限公司、北京碧水源科技股份有限公司分别通过主板定向增发、股权转让方式获融资 30.66 亿元和 24.42 亿元。

三、海洋新兴产业企业招标数量持续攀升

　　海洋新兴产业企业招标数量大幅增长。2022 年，共监测到 1 110 家企业发布的 3.9 万项招标项目信息，招标企业数量较 2021 年增加 37.7%，招标数量是上年的 2.2 倍。

其中，中国船舶集团、中国船舶重工和中海油能源招标数量位居前三，招标数量合计占年度总量的 11.7%；招标数量前 20 的企业中，中国船舶重工集团第 713 研究所（郑州机电工程研究所）、中船九江海洋装备（集团）、武昌船舶重工同比增速居前三。监测显示，2018 年以来我国海洋新兴产业招标市场日趋活跃。2018—2022 年招标数量分别为 6 825 项、8 802 项、1.4 万项、1.8 万项和 3.9 万项，五年复合增长率为 55.1%（图1-8）。

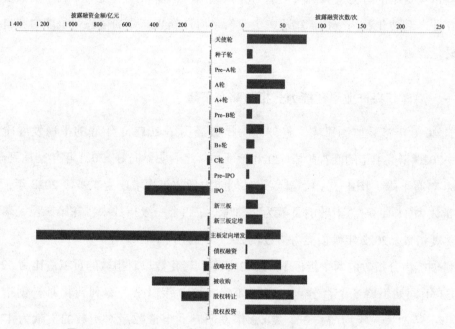

图1-7 2018—2022年海洋新兴产业融资金额和融资轮次分布

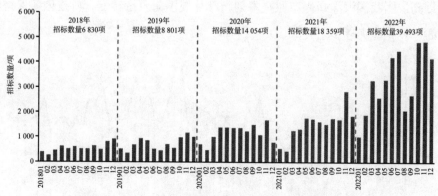

图1-8 2018—2022年海洋新兴产业招标数量月度分布

第四节　科创能力分指数分析

科创能力是海洋新兴产业发展的引擎，专利是受法律规范保护的发明创造，是企业参与市场竞争的有力工具。科创能力分指数由海洋新兴产业发明专利申请数及海洋新兴产业专利转化数两个指标构成，主要衡量海洋新兴产业的核心竞争能力和科技成果的转化能力。

一、海洋新兴产业科创能力分指数略有下降

自 2018 年指数监测以来，科创能力指数经历了 2018 年年底的平稳发展阶段和 2019—2020 年上半年的低谷阶段，2020 年下半年之后明显向好，2021 年年初达到高峰，2022 年略有下降（图 1-9A），五年来科创能力指数年均增速为 3.9%。2022 年，科创能力指数为 41.4，对总指数的贡献为 25.3%，在四个一级指数中排在第二位，落后于资本热度指数。2022 年科创能力指数较 2021 年同期下降 8.9%。

科创能力分指数的两个指标中，2022 年专利转化数量对指数的贡献占比为 52.2%，比 2021 年同期下降 5 个百分点。尽管如此，2018 年以来，专利转化对科创指数的贡献仍不断加大，年均增长 3%。2022 年发明专利申请数量对指数的贡献为 47.8%，2018 年以来年均增长率下降 2.9%（图 1-9B）。科创能力指数波动增长、专利转化贡献不断提高说明我国海洋新兴产业技术创新已从规模向质量转变，科技创新保持活跃，新技术的产业化能力逐步增强。

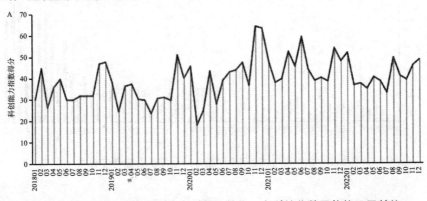

图 1-9　科创能力指数趋势及专利公开数量、专利转化数量趋势及贡献值

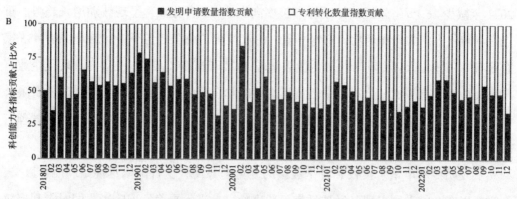

图1-9 科创能力指数趋势及专利公开数量、专利转化数量趋势及贡献值（续）

二、海洋新兴产业发明专利公开数量同比下降

2018—2022 年，海洋新兴产业相关企业新增发明专利申请总量超过 11 万件，每年申请数量分别为 22 335 件、21 308 件、22 051 件、24 117 件、23 036 件，自监测以来专利申请数量年平均增长率为 0.8%，总体呈现波动增长态势。2022 年，海洋新兴产业共有 3 891 家企业有发明专利申请公开，企业数量同比增长 1.4%，主要专利申请企业有上海外高桥造船有限公司、中国海洋石油集团有限公司、中海石油（中国）有限公司、中海油能源发展股份有限公司等。新增专利申请数量同比减少 4.6%，重点专利申请方向为寡糖药物、治疗阿尔茨海默病的方法等海洋医药方向，海水式碳捕集封存方法等碳中和方向，压裂设备等海工装备方向。

三、海洋新兴产业专利授权量不断增长

2022 年，共有 2 637 家企业有专利授权，较 2021 年增长 19.5%，主要企业有中国海洋石油集团有限公司、中海石油（中国）有限公司、武汉船用机械有限责任公司、中海油田服务股份有限公司、上海外高桥造船有限公司等。2022 年共产出 10 053 件授权专利，较 2021 年同期增长 20.8%，较近四年专利授权平均增长率高 4.1 个百分点。主要授权方向为海洋生物医药、海洋船舶、海水养殖、海工装备等。

四、海洋新兴产业专利转化数量同比下降

2018—2022 年发明专利转化数量分别为 1 101 件、1 024 件、1 508 件、1 661 件、1 393 件，年平均转化 1 337 件，近三年平均转化 1 520 件，2022 年专利转化数量较

2021年减少16.1%，较近四年平均增长率高出4.1个百分点，呈现波动增长趋势。重点专利转化方向为海洋药物、海水养殖、海水淡化、海工装备等。2022年共有435家企业有专利转化，有专利转化的企业数量较2021年减少11.2%，主要专利转化企业有广州文冲船厂有限责任公司、中船黄埔文冲船舶有限公司、泰州中益海洋装备有限公司、中船双瑞（洛阳）特种装备股份有限公司、上海外高桥造船海洋工程项目管理有限公司等海洋船舶、海工装备公司。

从发明专利申请、授权和转化数量的变化趋势反映出自国家重视专利质量以来，海洋新兴产业的专利申请已经越过突飞猛进阶段，进入平稳发展阶段，同时专利授权和专利转化总量进入波动增长阶段。企业专利授权数量和转化数量的波动增长说明海洋新兴产业的科创能力总体呈现上升趋势。

第五节　市场信心分指数分析

市场信心是海洋新兴产业发展的不竭动力。一个产业的市场规模越大，参与的企业越多，创造价值越多，收获利润越高，同时带动就业、促进消费的能力越强。市场信心分指数由海洋新兴产业中标数、海洋新兴产业新增企业数、海洋新兴产业新增企业注册资本额三个指标构成，主要反映海洋新兴产业的市场化程度以及企业家的信心。

一、海洋新兴产业市场信心分指数略有回落

2022年，市场信心指数为38.3，较上年略有回落，但仍保持在监测以来的高位（图1-10A）。表明2022年面对疫情反复和复杂国际形势，我国海洋新兴产业仍保持了较高的市场活力，特别是新增企业数量实现持续增长。市场信心指数对总指数的贡献率较上年下降，为23.0%，仅高于人力投入指数。

市场信心指数的三个指标中，新增企业数量的贡献率较高，2022年平均贡献率达到51.2%，新增企业注册资本和中标数量平均贡献率分别为25.2%和23.6%。其中，中标数量贡献较上年有较大提升（图1-10B）。

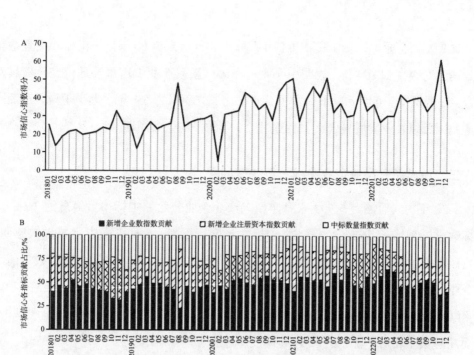

图1-10　市场信心指数趋势及新增企业、注册资本、中标个数趋势及贡献值

二、新增企业数量稳步增长

自2012年海洋强国战略实施以来，我国海洋新兴产业领域企业数量快速增长，11年复合增长率达21.0%。截至2022年12月底，全国海洋新兴产业存续企业约11.2万家，注册资本总额超6.2万亿元。2018—2022年，新注册成立企业约6.3万家，占现有存续企业总量的56.3%，实现了五年企业数量翻番。2022年新增企业1.69万家，同比增长3.2%，新增企业注册资本3 038亿元，同比下降14.5%（图1-11）。海洋新兴产业入场企业数量的迅速增长，说明海洋新兴产业持续发展，企业家的信心不断增强。

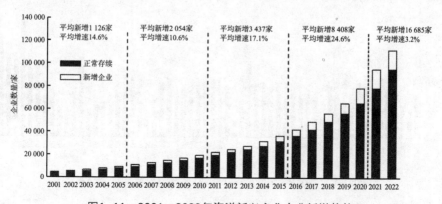

图1-11　2001—2022年海洋新兴产业企业新增趋势

11.2 万家企业中，注册资本 1 000 万以下和参保人员 50 人以下的中小企业数量占比分别为 65.4% 和 89.4%，表明中小企业在海洋新兴产业中占重要地位，且极具发展活力，注册资本 1 000 万以下的中小企业平均成立年限为 6.6 年，远高于全国工商联合会《我国民营企业发展报告》民营企业 2.9 年的平均生命周期。

三、海洋新兴产业企业中标数量快速回暖

2022 年，共监测到 5 994 家海洋新兴产业企业公示的中标项目信息约 3.38 万项，中标数量同比增长 56.5%，1—4 月中标数量同比下滑，5 月以来中标数量快速回暖。与招标数量企业集中度较高相比，海洋新兴产业中标企业较为分散，中标数量前三位的企业仅占年度中标总量的 5.3%。2022 年 11 月中标数量出现峰值，达 4 779 项，为监测以来最高值。2018—2022 年，月度中标数量总体保持在 2000 项左右，呈现每年 3—12 月中标数量相对平稳，1—2 月周期波动趋势（图 1-12）。

2022 年，海洋新兴产业中标项目监测显示，沿海地区高度重视并强力推动海洋创新平台建设。来自青岛、三亚、深圳等沿海城市各类海洋创新平台建设需求较上年明显增多，主要涉及青岛海洋科调船基地、海南三亚崖州湾科技城、深圳市海洋新兴产业基地、舟山国家远洋渔业基地、阳江海上风电实验室等多个创新平台，以及南方科技大学南方海洋科学与工程广东省实验室、厦门大学近海海洋环境科学国家重点实验室、上海海洋大学仿生机器鱼实验室、中国海洋大学三亚海洋研究院等涉海高校院所创新平台建设项目。

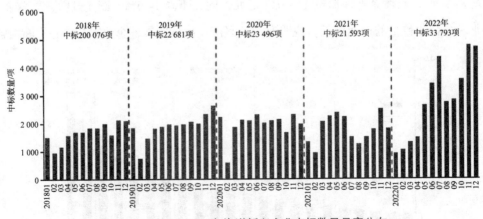

图1-12　2018—2022年海洋新兴产业中标数量月度分布

第六节　区域指数分析

海洋新兴产业区域指数用于衡量同一时段不同区域的海洋新兴产业综合发展水平，重点在于区域对比，发现各地的长短板。区域指数为以省份或城市为单位的指标与总指标的比值的加权平均。海洋新兴产业区域评价主要分为两个层次：一是沿海主要省份的对比，根据专家意见筛选了辽宁、天津、山东、江苏、上海、浙江、福建、广东8个省市；二是沿海主要城市的对比，根据专家意见筛选了上海、天津、广州、青岛、南通、深圳、烟台、大连、宁波、厦门10个城市。报告重点对沿海主要城市进行了对比分析。

一、江苏、广东、山东三强领跑地位不断加强

山东、江苏、广东三省对总指数贡献持续提升。监测数据显示，2018年以来，山东、江苏、广东三省每年对总指数的贡献度保持在10%以上，是海洋新兴产业指数的主要贡献力量。2022年，江苏、广东、山东三省指数分别为15.6%、15.2%和12.0%，三省总贡献度达到42.7%，较上年提高0.7个百分点，连续两年保持增长，三强领跑局面进一步巩固。其中，广东2022年海洋新兴产业表现突出，指数较上年提高1.6个百分点。

从2022年指标数据看，江苏、广东、山东三省各主要指标较为相近，仅在融资、专利转化和新增企业注册资本指标上有一定差距。江苏海洋新兴产业相关企业在融资方面表现突出，融资金额大幅领先，同时研发人员数、专利申请数和中标数量等均居首位，说明市场对新技术、新产品的需求十分旺盛。广东资本市场和创新活动活跃，融资次数、专利转化数量居第一位。山东市场信心指标表现突出，新增企业数量和注册资本领先，中标数量与江苏、广东相当。此外，山东在研发人员数量、招标数量等指标上位居第二位，但其融资次数和融资金额等资本热度指标的表现不尽如人意，说明山东在利用资本市场力量推动海洋新兴产业发展方面还有较大空间（图1-13）。

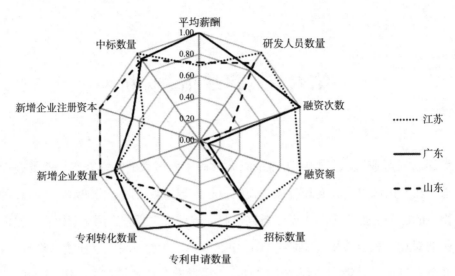

图1-13　江苏、广东、山东2022年二级指标对比（图中指标数据归一化处理）

二、主要沿海城市指数仍保持梯次发展趋势

2022年，10个主要沿海城市海洋新兴产业对全国总指数的贡献合计34.0%，较上一年下降4.8个百分点，为2018年监测以来的最低值。与2021年相比，10个城市中仅有深圳同比提高0.4个百分点。

其中，上海对全国海洋新兴产业总指数的贡献为7.8%，位居首位。同处第一梯队的广州、青岛对总指数的贡献分别为6.2%和4.7%，三个城市近五年年均指数分别为8.0%、5.8%和5.6%。位居第二梯队的天津、深圳、南通等城市的贡献均为3%~5%。烟台、大连、宁波等城市的贡献为1%~2%，处于第三梯队。

三、主要沿海城市指标表现各具优势

2022年，主要沿海城市中，上海多项指标表现突出，研发人员数量、招标数量、专利申请数量、新增企业注册资本、中标数量等五项指标位居首位，且较排名第二的城市具有一定领先优势；广州的专利数量和新增企业数量表现抢眼；深圳新招聘人员平均薪酬、融资次数和融资额三项指标最高；青岛新增企业数量仅次于广州，新增企业注册资本居第二（图1-14）。

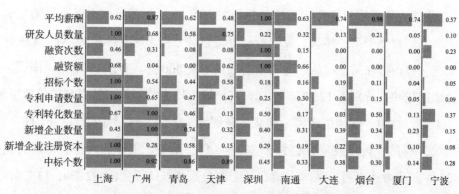

图1-14 2022年主要沿海城市二级指标对比（图中指标数据归一化处理）

上海、青岛、广州是海洋新兴产业相关企业集聚地。截至2022年12月底，上海、青岛、广州海洋新兴产业相关企业数量分别占全国的7.5%、5.6%、5.1%，合计占18.2%。大连、天津、深圳、烟台、南通表现接近，全国占比均为2%~4%。宁波、厦门相关企业数量较少，占比不足2%。2022年，10个主要沿海城市海洋新兴产业新增企业4 909家，与上年基本持平，占全国新增企业总量的29.0%。广州、青岛、上海新增企业数量位居前三，分别新增企业1 136家、840家和513家，新增企业注册资本分别为68.7亿元、142.8亿元和244.8亿元。大连、深圳、天津、烟台、南通新增企业数量均超过350家，新增企业注册资本均超过30亿元。

深圳、上海、广州融资较为活跃。2022年，沿海10个城市中，深圳共融资13次，披露融资1.62亿元，融资次数和金额均居首位；上海、广州各融资6次和4次，分别融资1.1亿元、0.06亿元；南通和天津各融资2次和1次，披露融资1.07亿元、1.0亿元；青岛、宁波各融资1次和3次，未披露融资额。厦门和大连连续2年没有融资活动，烟台2022年未获融资。相比2021年，除深圳增加2次融资外，其他城市融资次数及融资额都明显下降，深圳融资额减少7.98亿元，上海、南通的融资额下降幅度最大，各减少88.47亿元和33.89亿元。广州融资次数减少1次，融资额减少10.31亿元。自2018年监测以来，上海、广州、青岛一直是最受资本青睐的城市，其中上海五年的融资额达571.8亿元，在10个沿海城市中占有绝对优势，主要缘于2020年4月中国船舶工业股份有限公司通过主板定向增发方式带来融资约373.7亿元。广州、青岛五年的融资额分别达到66.9亿元和61.5亿元。其他城市五年的融资额在50亿元以下。

深圳、烟台、上海专利转化能力不断提高。2022年，从专利申请数量来看，上海、广州、天津、青岛位于第一梯队，发明专利申请数量分别为2 743件、1 787件、1 293

件、1 289 件，具有明显优势，天津超越青岛，由 2021 年的第四名跃升到第三名；南通、深圳、烟台位于第二梯队，发明专利申请数量分别为 819 件、697 件、423 件；宁波、大连、舟山排在第三梯队，专利申请数量不足 300 件。对比 2021 年，南通、深圳的同比增速较快，分别为 12.2%、7.1%，其他城市均为负增长。从专利转化数量来看，广州、上海、烟台、深圳位于第一梯队，分别为 123 件、83 件、62 件、61 件；青岛、宁波为第二梯队，转化数量分别为 57 件、45 件；南通、天津、大连、舟山转化数量不足 25 件。从增速来看，深圳、烟台、上海分别增长 117.9%、82.4%、13.7%，大连增速为 0，其他城市为负增长。

上海、天津企业研发人员数量具有优势。从研发人员规模看，2022 年，上海、天津在 10 个主要沿海城市中保持明显优势；广州、青岛次之，研发人员表现较为活跃；南通、深圳、烟台的研发人员数量比较接近，与上海、天津及广州、青岛有一定差距；大连、宁波、厦门表现相对一般。其中，上海的研发人员数量最多，2022 年参与专利发明活动的人数达 6 413 人，同比增速 5.3%；天津的研发人员为 4 819 人，排名第 2 位，同比下降 5.7%，2018—2022 年年均增速 6.6%，数量规模较大但增长较为缓慢；广州的研发人员为 4 350 人，排名第 3 位，同比增长 11.5%，2018—2022 年年均增速 18.9%，持续保持较高的增长率；青岛的研发人员为 3 712 人，排名第 4 位，同比增长 11.2%，增速有所减缓；南通的研发人员同比增长 24.1%，为 10 城市中增速最高的城市，但研发人员数量与上海、天津、广州、青岛存在较大差距；厦门的研发人员为 311 人，同比增长 12.7%，2018—2021 年年均增速 11.3%，规模远少于其他城市。

上海招标最为活跃。2022 年，10 个主要沿海城市的企业共发布招标 1.48 万项，占招标总量的 37.5%。其中，上海在中国船舶集团和上海振华重工等船舶海工企业拉动下，招标最为活跃，占 10 个城市招标总量的 30.5%。天津、广州和青岛排在第二到第四位，招标数量为 2 000~3 000 项。其他城市的招标数量不足 1 000 项。与 2021 年相比，10 个沿海城市的招标数量均大幅增长，其中深圳、上海、青岛涨幅居前三位，分别为上年的 6.3 倍、5.6 倍和 2.8 倍。

第二章

海洋水产种业创新与产业全景图谱

水产种业即水产种苗（优良）产业，是指由水产种质资源的开发利用、水产引种与育种、水产种苗生产繁殖、培育、保存、推广、销售、质量监督检测及管理等环节构成的产业链条。现代水产种业就是现代化的水产种苗（优良）产业，是传统水产种业之后的新的发展阶段，以市场需求为导向，以现代科学技术和设施装备为支撑，运用科学的生产方式和经营管理手段，形成"育繁推"一体化产业体系并具有现代世界先进水平的水产种业产业形态。水产种业作为水产养殖产业链的源头，是引领水产养殖业绿色发展、推进渔业转型升级、实现渔业现代化的硬核"芯片"。

第一节　海洋水产种业发展综述

一、发展现状及趋势

国外水产种业比较先进的国家如美国、丹麦、挪威、荷兰、加拿大和法国，动物育种已走过 100 多年的历史，种业企业发展壮大，在全球种业竞争中处于优势地位。海洋水产种业发展虽然相对较晚，但半个多世纪的海洋农业产业发展进程证明，海洋水产种业是推动养殖业发展最活跃、最重要的源动力和基石。[1] 美国、日本、挪威、澳大利亚等世界海洋农业发达国家均十分重视种业的发展，不断加大研究投入，取得了一系列重大突破，形成了优势产业。

国外水产种业的发展总体上呈现以下几个特征：以大型专业育种公司为主体，进行"育、繁、推"全产业链科技创新发展，具有完整的产业链，与养殖业相对独立发展；规模、集团化和全球化已成为种业发展方向，人才、资本、种质等资源经过市场竞争不断流向大型专业化育种公司，通过收购和兼并重组，育种规模和市场份额越来越大，资本和技术优势明显；育种技术快速更新，以全基因组选择、配子胚胎高效操作为代表的现代生物技术育种快速发展，推动国际种业科技进入蓬勃发展的重要时期；技术创新能力已经成为水产种业企业核心竞争力的关键，水产种业是高科技行业，研发周期长、投资大、高投入和科技创新是种业发展的关键。

我国在水产种业发展方面虽然起步较晚，但近年来由于国家的持续投入，尤其是"十二五"以来，我国水产种业科技取得了明显成效，初步建成了国家水产种质资源收集保藏体系，短短 10 年间实现了水产生物基因组由"跟跑"到"并跑"再到"领跑"的跨越式发展[2]，实现了"中国鱼主要用中国种"[3]。我国水产种业从原始的采集天

---

1 杨红生. "现代水产种业硅谷建设的几点思考." 海洋科学 42.10（2018）：7.

2 来源：科技日报（2022/9/26）

3 来源：新京报（2022/9/15）

然苗种、人工繁殖培育、群体选育、杂交到人工育种，再到最后进行大规模生产，历经了几代科研人员的探索和研究。这不仅改变了渔民"靠天吃饭"的境地，也使我国水产种业实现了从无到有、从有到优的突破。加快水产种业发展，破解结构性"卡脖子"技术难题，提升水产种业自主创新能力和核心竞争力是新时期打赢水产种业翻身仗的关键。

当前，水产养殖绿色发展模式正在向健康、集约化和多样化方向发展。由于我国水产新品种大多数改良的是生长性状，且培育的是通用品种，未必能满足不同养殖模式的特殊要求，现代水产种业新品种培育的目标应该是适应高密度集约化养殖或生态化养殖模式需求，兼顾高产、稳产、高效和优质等多个性状的突破性品种。

二、"十四五"布局

我国重视海洋水产种业，国家"十四五"规划纲要提出，要优化近海绿色养殖布局，建设海洋牧场，发展可持续远洋渔业。2021年中央一号文件提出"打好种业翻身仗"，攻克种源"卡脖子"困境。2022年中央一号文件中提出全面实施种业振兴行动方案。辽宁、山东、江苏、浙江、广东、福建、海南沿海省均出台了"十四五"海洋经济发展规划，明确提出发展水产种业（表2-1）。

表2-1 "十四五"规划涉及海洋水产种业的内容

政策文件	目标	重点项目	支持方向
国家"十四五"规划纲要	要增强农业综合生产能力	加强种质资源保护利用和种子库建设	加强农业良种技术攻关，有序推进生物育种产业化应用，培育具有国际竞争力的种业龙头企业
2021年中央一号文件	打好种业翻身仗	1.加强国家作物、畜禽和海洋渔业生物种质资源库建设 2.加快建设"南繁硅谷"	有序推进生物育种产业化应用；加强育种领域知识产权保护；支持种业龙头企业建立健全商业化育种体系
2022年中央一号文件	大力推进种源等农业关键核心技术攻关	全面实施种业振兴行动方案	推进种业领域国家重大创新平台建设。启动农业生物育种重大项目；加快实施农业关键核心技术攻关工程，实行"揭榜挂帅""部省联动"等制度，开展长周期研发项目试点

续表

政策文件	目标	重点项目	支持方向
辽宁省"十四五"海洋经济发展规划	发挥水产种质资源优势,养护原生优质海洋生物资源,建设国家海珍品种质资源库和高品质海珍品生长繁育保护中心	1."蓝色粮仓"工程 2.贝类苗种繁育基地 3.深远海养殖	1.丹东推进建立贝类苗种繁育基地,稳步实施资源养护工程,建设辐射黄海优质资源区的种质创制中心 2.积极发展深远海养殖,进一步挖掘辽东刺参、锦州毛蚶、营口海蜇、大连鲍鱼、大连蚝、大连裙带菜、丹东黄蚬、东港梭子蟹、东港杂色蛤等品牌价值 3.加强原生优质品种的种业技术储备,养护具有区域特色、生态价值和市场前景的水产种质资源,建设高品质种业基地 4.开展重要水生生物种质资源保护与利用技术等技术突破和应用推广。突破优良种质创制等关键技术,集成和创新生态农牧化水产养殖新模式和技术体系
山东省"十四五"海洋经济发展规划	1.突破育种关键技术 2.打好水产种业翻身仗	1.高水平建设"海上粮仓" 2.实施"蓝色良种"工程	大力培育水产种业"育繁推"一体化的联合育种平台和良种繁育龙头企业,突出鱼、虾、蟹、贝、藻、参等品种的联合攻关,加快选育突破性新品种,提高水产苗种质量和良种覆盖率。依据优势水产品区域布局,打造刺参、海带、贝类、海水鱼、虾蟹类种业产业聚集区
江苏省"十四五"海洋经济发展规划	促进海洋渔业稳健转型	海洋牧场示范区建设	1.推进海洋牧场示范区建设,调整海水养殖模式和结构,发展生态、健康、绿色、安全养殖模式,推进紫菜产业绿色发展,提高渔业碳汇能力 2.强化优质水产种质资源保护,推进水产良种研发繁育
福建省"十四五"海洋经济发展规划	争取国家在我省布局建设水产种业重大创新平台	水产种业创新与产业化工程	1.研制以高附加值鱼种为主要养殖产品的养殖装备,探索集养殖、旅游、教育等功能于一体的多功能综合体平台研发。支持推动大型智能化深远海养殖平台、养殖工船等渔业关键装备研发与推广应用 2.加快全基因组育种、分子标记育种等生物育种技术运用,培育高效、抗逆等特殊基因的新品种,重点突破大黄鱼遗传选育、石斑鱼杂交新品系、对虾自主选育优良品系、抗逆鲍新品种、"金蛎1号"速长葡萄牙牡蛎新品系、海带抗逆良种、坛紫菜新品系和海参等良种选育。发展工厂化育苗、智能化生态繁育,建设若干地方特色品种遗传育种中心,培育一批"育繁推"一体化的现代渔业种业龙头企业

续表

政策文件	目标	重点项目	支持方向
广东省"十四五"海洋经济发展规划	打造现代海洋渔业产业集群	南沙渔业水产种业创新中心	建设南沙区渔业产业园、南沙渔业水产种业创新中心、南沙科技农业创新创业示范基地，推动渔业产业创新发展。推进番禺区名优现代渔业产业园建设，以莲花山中心渔港为基础打造渔港经济区
海南省"十四五"海洋经济发展规划	做强做优水产种苗业	培育水产南繁种苗产业集群	围绕优势品种建设水产种质资源库、水产遗传育种中心、原良种场及水产种业繁育基地。依托三亚崖州湾科技城等，实施一批海洋生物育种重大科技项目。支持海水增养殖优品种培育和健康种苗繁育技术研发，加快完善水产原良种体系和疫病防控体系，加强海水养殖生物育种知识产权保护。在三亚、海口、文昌、陵水等地建设一批海水养殖优良种质研发中心、中试基地和良种基地，服务国家南繁科研育种基地建设和南繁产业发展

第二节　海洋水产种业图谱分析

按照《2022 中国渔业统计年鉴》的标准，水产品主要包括鱼类、甲壳类（虾、蟹）、贝类、藻类和其他类。其中海洋鱼类主要包括鲈鱼、鲆鱼、大黄鱼、军曹鱼、鲷鱼、石斑鱼等；虾主要包括南美白对虾、斑节对虾、中国对虾、日本对虾等；蟹主要包括梭子蟹和青蟹等；贝类主要包括牡蛎、鲍、螺、蚶、贻贝、江珧、扇贝、蛤、蛏等；藻类主要包括海带、裙带菜、紫菜、江蓠、麒麟菜、石花菜、羊栖菜、苔菜等；其他类主要包括海参、海胆、海水珍珠、海蜇等（图 2-1）。

一、鱼

我国是世界上水产种质资源最丰富的国家之一，海洋鱼类 3 000 多种，淡水鱼类 1 000 多种。2008—2013 年我国鱼类基因组研究在国际上处于全面"跟跑"状态，随

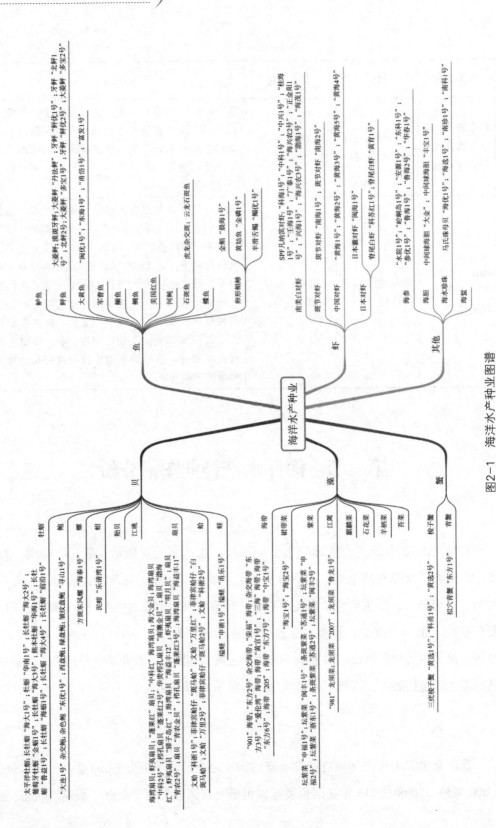

图2-1 海洋水产种业图谱

着我国水产科学家在国际顶级刊物 *Nature Genetics*（《自然基因》）、*Nature*（《自然》）上相继发表大量养殖鱼类的基因组精细图谱，2014—2018 年我国鱼类基因组研究在国际上进入"跟跑""并跑"和"领跑"并存状态，但我国部分养殖品种的苗种对外依赖严重，已形成规模化产业的大菱鲆等均为引进种，种源程度不同地依赖进口。引进种源隔几年会退化，必须再引种，引进亲本价格也在逐年提升，进口质量不稳定，处于"引种、维持、退化、再引种"的不良循环中，如果被卡，产业发展会受到不同程度影响。

根据农业农村部新品种公告，我国培育的鲆鱼主要包括大菱鲆、漠斑牙鲆和牙鲆，石斑鱼主要包括虎龙杂交斑和云龙石斑鱼等，另外还有黄姑鱼和半滑舌鳎。大菱鲆俗称欧洲比目鱼，在中国称多宝鱼，大菱鲆原产于欧洲大西洋海域，是世界名贵海洋底栖鱼类。中国水产科学研究院黄海水产研究所雷霁霖研究员，1992 年首先从英国引进冷温型良种大菱鲆，突破了育苗关键技术，使我国在该领域达到国际先进水平。辽宁省葫芦岛地区有着得天独厚的地下水资源，创建了符合国情的"温室大棚＋深井海水"工厂化养殖模式，成为大菱鲆养殖产地。牙鲆在中国俗称牙片、偏口、比目鱼，是名贵的冷水性底栖海产经济鱼类，是北方沿海重要的海水增养殖鱼类之一。牙鲆的增养殖研究以中国、日本和韩国为主。国内育苗厂家遍布山东、河北、辽宁、福建，取得了很好的经济和社会效益。石斑鱼是沿海常见的暖水性中下层鱼类，常栖息的地方为沿海岛屿附近水质清澈、底质多岸礁、水深 10~20 米的石缝间。半滑舌鳎是我国特有的名贵经济海水鱼类，是国家海水鱼产业技术体系九大品种之一。雄性个体生长缓慢，严重影响了半滑舌鳎养殖产业的发展。中国水产科学研究院黄海水产研究所陈松林院士团队开展半滑舌鳎基因编辑育种，破解了半滑舌鳎雄鱼生长慢、长不大的难题。

二、虾

海水虾养殖的主要品种有南美白对虾、斑节对虾、中国对虾和日本对虾。根据《2022 年中国渔业年鉴》统计数据，全国海水养殖虾类的总产量在稳步持续增加，南美白对虾、斑节对虾、中国对虾和日本对虾 2021 年总产量为 16 913 亿尾。其中，南美白对虾产量稳居第一且逐步上升，其次是斑节对虾，日本对虾、中国对虾。南美白对虾味道鲜美，营养丰富，富含蛋白质和钙、铁等矿物质，具有较高的药用价值和经济价值，是世界上最重要的经济虾类之一，在我国于 2000 年以后开始大规模进行养殖。已成为中国虾类养殖的主要对象，从沿海到内陆大部分地区都广泛养殖。

我国先后培育了"SPF 凡纳滨对虾""科海 1 号""中科 1 号"等 13 个品种的南美白对虾，"黄海 1 号"—"黄海 5 号" 5 个品种的中国对虾，"闽海 1 号""科苏红 1 号""黄育 1 号" 3 个品种的日本对虾，"南海 1 号""南海 2 号" 2 个品种的斑节对虾。

在国外，对虾良种选育自 20 世纪 90 年代起就已经引起有关国家的高度重视，并获得了一些有应用价值的良种。南美白对虾主要养殖模式有土池、高位池和工厂化，此外还有部分地区采取大水面养殖以及新兴养殖模式光伏养殖。光伏养殖是在光伏阵列下建池塘进行养殖，具有"一地两用，渔光互补"的特点。斑节对虾又名金刚虾，即莫桑比克斑节对虾，原产于莫桑比克，具有适应性好、生长速度快、抗病能力强、个体大、味道鲜美、营养价值高、耐运输等特点，是南方推广养殖的对虾新品种。中国对虾育种目标主要集中于生长和抗病两个性状，而对养殖环境胁迫引起的抗性育种研究尚未开展。近年来，渔业水域环境的恶化以及养殖自身有机污染物的积累引起的环境胁迫严重影响着中国对虾的生长。病害是当前对虾养殖的主要问题，为更快地培育出抗病力更强的新品种，解决对虾养殖病害问题，需要进一步研究来查明对虾抗病的遗传机制，提高抗病性状的选择强度，快速培育对虾抗病新品种。日本对虾学名为日本囊对虾，分布甚广，从红海、非洲的东部到朝鲜、日本一带沿海都有分布，我国长江以南沿海均有大量分布。其肉鲜嫩，营养丰富，适合盐度较高地区养殖，耐低温、耐干能力强。我国沿海 1—3 月及 9—10 月均可捕到亲虾，产卵盛期为每年 12 月—翌年 3 月。虾汛旺季为 1—3 月。常与斑节对虾、宽沟对虾混栖。

三、蟹

根据中国渔业统计年鉴数据，自 2015 年我国蟹产量达到 199.34 万吨的峰值以后，我国蟹产量持续下降，到 2020 年我国蟹产量下降至 169.82 万吨。我国生产的蟹主要来自捕捞和养殖。海水养殖的蟹主要有两种，分别为梭子蟹和青蟹，两者产量占总产量的比重约为 90%。除上海、天津和吉林外，我国沿海地区均有养殖海水蟹的产业。其中，从产量来看，广东是我国蟹海水养殖产量最高的地区，2020 年产量达到 8.72 万吨；其次为福建，2020 年产量为 7.77 万吨；第三为浙江，2020 年产量为 4.39 万吨。

我国先后培育了三疣梭子蟹"黄选1号"、三疣梭子蟹"科甬1号"、三疣梭子蟹"黄选2号"和拟穴青蟹"东方1号"等4个新品种。这些新品种的培育主要以耐低盐能力和生长速度为目标性状，采用群体选育方法，经连续5代选育，形成特征明显、性状稳定品种。三疣梭子蟹养殖采用野生亲蟹培育苗种，导致种质混杂、生长速度缓慢、对病害和环境胁迫的防御能力弱，病害发生日渐严重，造成巨大的损失，近年来养殖面积逐年萎缩，2016年我国养殖面积仅为39.33万亩[1]，养殖面积减少近40%。盐度作为一种与渗透压密切相关的环境因子，对甲壳动物的呼吸代谢、生长、存活及免疫防御有着极其重要的影响。我国尚有大量低盐养殖池塘未充分利用，缺乏抗逆养殖品种。因此，对三疣梭子蟹进行遗传改良，培育出具有生长速度快、抗逆能力强等优良性状的新品种，是三疣梭子蟹养殖业健康发展的重要保证。青蟹所用的苗种主要来自未经选育的海区幼蟹或者利用野生亲蟹经人工繁育的幼蟹。中国水产科学研究院东海水产研究所研究员马凌波团队与中国水产科学研究院生物中心研究员李炯棠团队合作，成功破译拟穴青蟹基因组染色体图谱，为青蟹新品种选育奠定了重要基础。

四、贝

从水产养殖面积来看，目前我国海水养殖中贝类养殖面积最大。根据《2021年全国渔业经济统计公报》，2021年全国海水养殖贝类面积为1 224.03千公顷，占总面积的60.4%，海水养殖甲壳类水产品面积为300.7千公顷，占总面积的14.8%。贝类是我国海水养殖的主要品种，2021年全国海水养殖水产品中，贝类实现产量1 545.67万吨，排名第一。主要养殖品种有牡蛎、鲍、螺、蛏、贻贝、江珧、扇贝、蛤、蛏。其中牡蛎主要包括太平洋牡蛎、长牡蛎、葡萄牙牡蛎、熊本牡蛎；鲍主要包括杂交鲍、杂色鲍、西盘鲍、绿盘鲍、皱纹盘鲍；螺主要包括方斑东风螺；蛏主要包括泥蚶；扇贝主要包括海湾扇贝、虾夷扇贝、栉孔扇贝；蛤主要包括文蛤、菲律宾蛤仔；蛏主要有缢蛏。

近年来我国的海洋贝类育种技术取得长足的进步，先后培育了"蓬莱红"栉孔扇贝、"中科红"海湾扇贝、"渤海红"扇贝、"海大金贝"虾夷扇贝、"大连1号"杂

　1　亩：亩为非法定单位，考虑到生产实际，本书继续保留，1亩=666.7 m^2。

交鲍等 43 个新品种，以最佳线性无偏预测（BLUP）和限制最大似然法（REML）分析为基础的多性状遗传评估技术正在快速向水产育种领域转化，对产业的发展起到极大的推动作用。滩涂贝类的养殖发展比较迅猛，面积不断扩大，种类逐渐增多，产量逐年提高，年产量约占贝类养殖总产量的 40%，在整个产业结构中的地位日益重要。

五、藻

藻类营养物质含量丰富，不仅可供食用，还是医药、纺织、化工产业的重要原料。此外，藻类还具有重要的生态价值。根据联合国粮食及农业组织数据显示，2018年，全球海藻养殖量为 3 238.62 万吨（鲜重），我国藻类养殖产量为 1 850.57 万吨，占全球藻类总产量的 57%，居全球首位。

2021 年我国海水养殖产品产量中藻类占比为 12.28%，位居第二。由于藻类生存环境的限制，我国藻类养殖主要分布在福建、山东、辽宁、广东、浙江和海南等沿海省份。其中，福建、山东和辽宁是我国藻类养殖三大产区。按照各省藻类养殖产量来看，福建的藻类产量增长速度最为迅猛，2008 年产量超过山东成为第一大主产省；2002—2019 年的年均增长率为 6.85%，增加了 2.08 倍。相比之下，山东的产量增长则较为平稳，2002—2019 年的年均增长率只有 1.98%。辽宁产量位居第三，除 2007 年藻类产量骤降至 2 万吨左右外，2002—2018 年一直稳定维持在 30 万~35 万吨，2019年骤增至 47 万吨。而我国其他养殖藻类的省区，如广东、浙江和海南等省藻类产量皆较低，不足 10 万吨。

我国藻类养殖品种较多，以海带为主，紫菜、裙带菜和江蓠产量较高。据《2022中国渔业统计年鉴》数据，2021 年海带产量为 174.24 万吨，比 2020 年的 165.16 万吨上涨 5.5%，占藻类产量之首；裙带菜和紫菜的产量位居第二、第三，2021 年的产量分别为 21.22 万吨和 19.92 万吨。

我国先后培育了"东方 2 号""荣福""爱伦湾""黄官 1 号""三海""中宝 1 号"等 11 个品种的海带，"海宝 1 号""海宝 2 号"2 个品种的裙带菜，"申福 1 号""闽丰 1 号""浙东 1 号"等 5 个品种的坛紫菜，"苏通 1 号""苏通 2 号"2 个品种的条斑紫菜，"981""2007""鲁龙 1 号"3 个品种的龙须菜。由于国内热带海洋环境的变化、养殖区域限制、养殖技术不成熟、敌害多，海藻养殖风险高，一系列因素导致我国藻类海水养殖面积一直未能在热带海域进一步扩张，这是限制我国藻类养殖规模进一步扩大的重要原因。而我国养殖产量最大的褐藻，如海带、裙带菜是冷温性种类，主要位于温带、亚热带海域，目前规模已经难以进一步扩大。而近岸适养海区空间有限，养殖密度不断增大，导致养殖海藻的产量和品质下降。目前国内的海藻养殖业主要面临产能受限、结构不合理、缺乏统一标准、环境污染、技术创新等问题。

六、海珍品

全球共有海参 1 000 多种，我国海域约有 140 种，其中可食用海参 20 余种。海参被列为"八珍"之一，具有补益养生的功效。近年来，随着我国人均可支配收入的增长及海参产业的逐渐规范化，我国海参产业一直处于扩张态势。据《2022 年中国渔业统计年鉴》统计数据，2021 年我国海参产量达到 22.27 万吨，同比增长 13.28%；海参养殖面积为 24.74 万公顷，同比增长 1.89%。

我国先后培育了刺参"水院 1 号""崆峒岛 1 号""安源 1 号""东科 1 号""参优 1 号""鲁海 1 号""鲁海 2 号""华春 1 号"8 个新品种。海参的养殖方式包括野生养殖、底播养殖、围堰养殖、池塘养殖和网箱养殖等五大类。其中，前四类养殖方式主要集中在北方地区，南方福建地区则普遍采用网箱养殖。外海网箱养殖是近几年发展起来的新型海参苗种暂养和成品养殖方式，并成为全国海参养殖产业链中承上启下的重要环节。2021 年全国普通网箱（含其他品种）养殖面积 3 783 万平方米，同比增长 91.45%，其中辽宁地区普通网箱养殖面积 1 637 万平方米。随着防浪装备和网箱材料的不断进步，加之海参饲料的大规模生产，未来网箱将成为成品海参主要来源。美国、英国、日本和澳大利亚等国学者在海参分类、地理种群分布以及海参胶原蛋白、神经多肽、海胆糖鞘脂、脂肪酸等活性物质的分离、理化性质方面做了许多研究探索，并逐步在保健和医药行业拓展海参的应用。

海胆是一种食用价值、药用价值、科研与应用价值都比较高的经济海洋生物，其部分种类的生殖腺味道极其鲜美，营养也很丰富。其蛋白质、脂肪和糖类含量都很高，鲜味比较独特，被认为是一种很美味的海产品，尤其是在日本，海胆被视为最名贵的高档海产品之一，市场价格很高，消耗量很大。另外，海胆在医药学上也有很广阔的开发前景，由于其繁殖期长，成熟的卵较易得到，被应用于生物学和胚胎学等学科。目前，我国已经发现的海胆有 100 种左右，但成为重要经济种类的还不到 10 种。

我国先后培育了中间球海胆"大金"和中间球海胆"丰宝1号"2个新品种。我国海胆养殖方式主要有海上筏式养殖、陆上工厂化养殖及与海参、鲍、裙带菜生态混养等多种养殖方式，但在海胆养成方面我国和其他国家均处于发展阶段，技术积累不足、设备落后、工艺粗糙、管理经验欠缺造成了养殖开发混乱、病害严重、养殖产量不稳定等诸多问题。

目前，我国是世界上较大的珍珠生产国之一。近年来，我国注重环境保护，对于珍珠养殖行业来说，既要保证优质的水环境又要保证珍珠质量，则产量在一定程度上受到影响。根据中国渔业统计年鉴数据，2013—2021年我国海水珍珠养殖产量呈现逐年递减趋势。2021年，我国海水养殖珍珠产量仅2 000千克左右，其占比甚至不足我国珍珠养殖总产量的1%，由此可见，我国本土海水养殖的珍珠较为稀有，其销售价格也相对于淡水养殖的珍珠更高。从分布来看，我国海水养殖的珍珠主要分布在广东和广西两省份。

我国先后培育了马氏珠母贝"海优1号""海选1号""南珍1号""南科1号"等4个新品种。以马氏珠母贝培育小型海水珍珠技术为"第一代"，利用大珠母贝和珠母贝培育大型珍珠为"第二代"，砗磲养殖育珠或将成为引领世界的第三代海水珍珠养殖技术。虽然由于条件问题，我国目前未能养成"第二代"的两个育珠品种，但很有可能在第三代海水珍珠养殖技术上实现弯道超车。砗磲育苗在国外已经有30年历史，在我国则刚刚起步。由于砗磲内脏团没有像珍珠贝那样的核位，植核后手术贝病死率高、留核率极低，技术难度非常大，利用砗磲育珠研究，在国内外尚未有成功先例。我们已经初步掌握了砗磲养殖育珠的独创技术，若能完善这一技术成果体系，将成就引领世界第三代海水珍珠养殖的技术巅峰。

第三节　海洋水产种业大数据概览

一、企业数量

截至2022年年底，国内共监测到海洋水产种业相关企业2 158家，其中鱼、虾、蟹、贝、藻、海珍品分别 1 383、390、16、104、201、64 家。自 2016 年以来，海洋水产种业产业相关企业数量保持快速增长态势，"十三五"期间年均新增企业 224 家，平均增速达 31.8%，产业发展活跃。从企业规模看，海洋水产种业企业注册资本相对不高，注册资本 1 000 万以上的企业占企业总数的 31.6%，略低于整个海洋新兴产业 34.6% 的占比。海洋水产种业产业注册资本金额前 10 企业详见表 2-2。

表 2-2　海洋水产种业产业注册资本前 10 企业

序号	企业名称	成立时间	注册资本/万元	所在城市	相关业务
1	湛江国联水产开发股份有限公司	2001	91 229	湛江	水产种苗（罗非鱼、对虾）的引进、繁育、养殖
2	山东东方海洋科技股份有限公司	2001	75 635	烟台	海带保育种和苗种繁育、海参育种
3	獐子岛集团股份有限公司	1992	71 111	大连	水产增养殖为主，集海珍品育苗、增养殖、加工、贸易、海上运输于一体
4	山东海洋现代渔业有限公司	2018	50 000	烟台	20 多种名贵水产品的人工繁育
5	海茂种业科技集团有限公司	2017	15 695	湛江	南北白对虾的种苗培育、养殖
6	北控（福建）海洋牧场有限公司	2021	15 000	福州	水产苗种生产
7	山东安源种业科技有限公司	2006	11 600	烟台	海水养殖、育种、育苗
8	青岛国信海洋牧场发展有限公司	2020	10 000	青岛	水产苗种生产、转基因水产苗种生产、水产苗种进出口
9	海南省民德海洋发展有限公司	2017	10 000	海口	深海育苗
10	邦普种业科技有限公司	2017	8 125	潍坊	水产种苗

二、招聘情况

2018 年监测以来，海洋水产种业相关企业薪酬呈现缓慢增长趋势，但明显落后于海洋新兴产业整体水平。2018—2022年海洋水产种业招聘月薪分别为5 985元、5 570元、5 587元、8 734元和6 929元，前三年的薪酬较为平稳，2021年为增长高峰，2022年则出现较大的下降，年降幅达20.7%，与整个海洋新兴产业入职平均月薪的差距进一步扩大。

其中，招聘较为活跃的企业有湛江国联水产开发股份有限公司、山东东方海洋科技股份有限公司、獐子岛集团股份有限公司、广东恒兴集团有限公司、大连鑫玉龙海洋生物种业科技股份有限公司等。主要分布在湛江、广州、青岛、烟台、大连等城市。详见表2-3。

表2-3 2018—2022年海洋水产种业招聘数量前10企业

序号	企业名称	招聘薪酬/元	所在城市	相关业务
1	广东恒兴集团有限公司	8 127	湛江	海水鱼育苗及海水养殖
2	湛江国联水产开发股份有限公司	7 028	湛江	养殖水产品全产业链
3	湛江国联水产种苗科技有限公司	6 517	湛江	南美白对虾遗传育种
4	山东海洋现代渔业有限公司	6 461	烟台	现代海洋牧场，海水增养殖与苗种繁育
5	獐子岛集团股份有限公司	6 350	大连	海洋牧场，海珍品种业，海水增养殖，海洋食品
6	青岛前沿海洋种业有限公司	5 412	青岛	贝类遗传育种，牡蛎苗种
7	大连鑫玉龙海洋生物种业科技股份有限公司	5 383	大连	辽参原种及种苗培育
8	湛江粤海水产种苗有限公司	5 227	湛江	虾类种苗繁育
9	山东东方海洋科技股份有限公司	4 907	烟台	海带保育种和苗种繁育，海洋牧场，大西洋鲑鱼工业化养殖
10	烟台参福元海洋科技有限公司	4 274	烟台	水产苗种生产

三、融资

2018—2022年，海洋水产种业共有9家企业发起融资，披露融资金额合计24.8亿元。海南神农科技股份有限公司2019年通过股权转让融资10亿元。湛江国联水产开发股份有限公司在2019年、2020年，分别通过主板定向增发、股权转让融资6.02亿元、

1.79 亿元。山东东方海洋科技股份有限公司在 2018 年、2021 年，分别通过主板定向增发、股权转让融资 5.64 亿元、1.1 亿元。渤海水产（滨州）有限公司 2020 年通过股权转让融资 2 500 万元（图 2-2）。

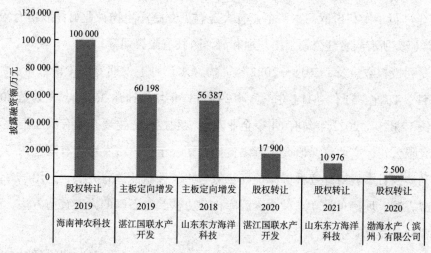

图2-2　2018—2022年海洋水产种业主要融资情况

四、招投标

监测数据显示，2018 年以来我国海洋水产种业招标呈现出稳步增长趋势。2018—2022 年招标数量分别为 6 项、19 项、49 项、66 项和 80 项，五年年均增长 21.3%。2022 年，共监测 37 家海洋水产种业企业发布的招标项目 80 项，招标企业数量较 2021 年增加近 1.5 倍。其中，国信东方（烟台）循环水养殖科技有限公司、青岛国信海洋牧场发展有限公司、威海海宽海洋生物科技有限公司招标数量位居前三，招标数量合计占 2018—2022 年总量的 29.09%。

2018—2022 年海洋水产种业中标数量分别为 56 项、39 项、153 项、128 项和 187 项，五年年均增长 46.1%。2022 年，共监测 68 家海洋水产种业企业发布的中标项目 187 项，中标企业数量较 2021 年增加 15.25%，中标数量增长 70.3%，其中，烟台宗哲海洋科技有限公司、宁波市鄞州三湾水产种苗有限公司、日照市欣彗水产育苗有限公司等企业中标数量较多。

五、专利创新情况

从专利申请数量看，2018—2022 年，海洋水产种业发明专利申请数量分别为209 件、147 件、165 件、276 件、227 件，总计 1 024 件（图 2-3）。2022 年，共有83 家企业进行了专利申请，主要企业有大连鑫玉龙海洋生物种业科技股份有限公司、广西海洋研究所有限责任公司、山东通和海洋科技有限公司等。

从专利授权数量看，2018—2022 年，海洋水产种业发明专利申请数量分别为 33件、52 件、41 件、51 件、114 件，总计 291 件，年均增速达 36.3%，尤其是 2022 年，同比增长 123.5%。2022 年共有 64 家企业获得专利授权，主要企业有湛江国联水产开发股份有限公司、广西海洋研究所有限责任公司、宁德市富发水产有限公司等。重点授权专利涉及日本囊对虾育种群体抗高氨氮与生长性状的选育方法、适用于海链藻的异养发酵方法、埋栖贝类动态种质资源库构建方法、斑石鲷的人工育苗方法、大黄鱼基因组育种芯片及应用等。

从专利转化数量看，2018—2022 年海洋水产种业发明专利转化数量分别为 4 件、11 件、22 件、10 件、10 件，年均增长 25.7%。2022 年共有专利转化的企业主要是山东安源种业科技有限公司、广东大健鱼苗水产有限公司、青岛瑞滋集团有限公司。转化授权专利涉及海参繁育、海洋贝类多倍体诱导、提高刺参亲本产卵量等。

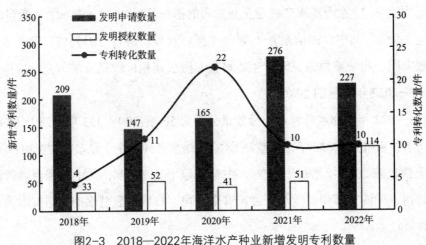

图2-3 2018—2022年海洋水产种业新增发明专利数量

六、区域分布

监测数据显示，海洋水产种业企业主要集中在福建、广东、山东、海南、辽宁、江苏、广西、浙江等沿海省份，这8个省份企业数量共计2 001家，占企业总量的92.7%。其中福建、广东、山东海洋水产种业企业数量最多，分别为586、431、316家，分别占企业总量的27.2%、20.0%、14.6%，合计占比61.77%（图2-4）。

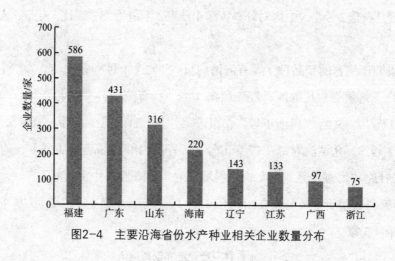

图2-4 主要沿海省份水产种业相关企业数量分布

第四节 海洋水产种业产业链和创新链布局

根据农业农村部公布的水产新品种和阵型企业名单，表2-4中列出了海洋水产种业企业83家，含阵型企业共38家，其中补短板阵型企业22家、破难题阵型企业10家、强优势阵型企业10家。威海长青海洋科技股份有限公司同时入选鲍鱼、海带和裙带菜强优势阵型；海南晨海水产有限公司同时入选石斑鱼补短板阵型和卵形鲳鲹破难题阵型；象山港湾水产苗种有限公司同时入选大黄鱼补短板阵型和银鲳破难题阵型。

提供技术支撑的科研院所共 50 家，其中专业化平台 12 家，中国水产科学研究院黄海水产研究所、中国科学院海洋研究所研究品种最多，分别是 18 种、16 种。

黄海水产研究所培育的新品种有大菱鲆、中国对虾"黄海 1 号"、中国对虾"黄海 2 号"、大菱鲆"丹法鲆"、牙鲆"鲆优 1 号"、海带"黄官 1 号"、三疣梭子蟹"黄选 1 号"、中国对虾"黄海 3 号"、大菱鲆"多宝 1 号"、凡纳滨对虾"壬海 1 号"、牙鲆"鲆优 2 号"、脊尾白虾"黄育 1 号"、中国对虾"黄海 5 号"、刺参"参优 1 号"、三疣梭子蟹"黄选 2 号"、中国对虾"黄海 4 号"、半滑舌鳎"鳎优 1 号"、大菱鲆"多宝 2 号"。

海洋研究所培育的新品种主要有海湾扇贝、"大连 1 号"杂交鲍、"中科红"海湾扇贝、"981"龙须菜、凡纳滨对虾"科海 1 号"、海湾扇贝"中科 2 号"、三疣梭子蟹"科甬 1 号"、文蛤"科浙 1 号"、裙带菜"海宝 1 号"、海带"205"、凡纳滨对虾"壬海 1 号"、凡纳滨对虾"广泰 1 号"、脊尾白虾"科苏红 1 号"、刺参"东科 1 号"、长牡蛎"海蛎 1 号"、文蛤"科浙 2 号"、海带"中宝 1 号"。

这 50 家科研院所主要分布在山东（13 家）、浙江（6 家）、广东（6 家）、福建（5 家）及海南（5 家）。

表 2-4　水产种业产业链和创新链全景图

一级分类	二级分类	企业	科研院所
鱼	鲆鱼	烟台开发区天源水产有限公司（补短板阵型） 唐山市维卓水产养殖有限公司（补短板阵型） 威海圣航水产科技有限公司（补短板阵型） 海阳市黄海水产有限公司 莱州市大华水产有限公司 威海市中孚水产养殖有限责任公司	中国水产科学研究院黄海水产研究所（专业化平台） 中国水产科学研究院北戴河中心实验站 蓬莱市鱼类养殖场 全国水产技术推广总站 中国水产科学研究院资源与环境研究中心
	大黄鱼	象山港湾水产苗种有限公司（补短板阵型） 宁德市富发水产有限公司（补短板阵型） 宁德市官井洋大黄鱼养殖有限公司（补短板阵型）	集美大学（专业化平台） 宁波大学（专业化平台） 厦门大学（专业化平台） 宁德市水产技术推广站 宁波市海洋与渔业研究院

续表

一级分类	二级分类	企业	科研院所
鱼	石斑鱼	莱州明波水产有限公司（补短板阵型） 海南晨海水产有限公司（补短板阵型） 海阳市黄海水产有限公司（补短板阵型） 厦门小嶝水产科技有限公司	中国水产科学研究院黄海水产研究所（专业化平台） 中山大学 福建省水产研究所 广东省海洋渔业试验中心 海南大学
	卵形鲳鲹	海南晨海水产有限公司（破难题阵型）	湖南师范大学（专业化平台） 海南大学 海南热带海洋学院 中国海洋大学三亚海洋研究院
	银鲳	象山港湾水产苗种有限公司（破难题阵型）	中国水产科学研究院东海水产研究所（专业化平台） 上海海洋大学（专业化平台） 宁波大学（专业化平台） 中国水产科学研究院黄海水产研究所（专业化平台）
虾	南美白对虾	渤海水产股份有限公司（破难题阵型） 广东恒兴饲料实业股份有限公司（破难题阵型） 海茂种业科技集团有限公司（破难题阵型） 邦普种业科技有限公司（破难题阵型） 广东海兴农集团有限公司（破难题阵型）	中国科学院海洋研究所（专业化平台） 中国水产科学研究院黄海水产研究所（专业化平台）
		海南中正水产科技有限公司（破难题阵型） 渤海水产育种（海南）有限公司 广东广垦水产发展有限公司 广东海大集团股份有限公司 广东金海角水产种业科技有限公司 海南东方中科海洋生物育种有限公司 海南广泰海洋育种有限公司 茂名市金阳热带海珍养殖有限公司 青岛海壬水产种业科技有限公司 青岛卓越海洋集团有限公司 湛江海茂水产生物科技有限公司 湛江海兴农海洋生物科技有限公司 湛江市德海实业有限公司	中国科学院南海海洋研究所 中山大学 西北农林科技大学 广东海洋大学 广西壮族自治区水产研究所 海南省水产研究所

续表

一级分类	二级分类	企业	科研院所
虾	斑节对虾	湛江市东海岛东方实业有限公司	中国水产科学研究院南海水产研究所（专业化平台）
	日本对虾	湛江市国兴水产科技有限公司	厦门大学（专业化平台）
	中国对虾	日照海辰水产有限公司（补短板阵型） 唐山市曹妃甸区会达水产养殖有限公司（补短板阵型） 海南海壹水产种苗有限公司（补短板阵型） 昌邑市海丰水产养殖有限责任公司	中国水产科学研究院黄海水产研究所（专业化平台） 山东省日照水产研究所
蟹	梭子蟹	昌邑市海丰水产养殖有限责任公司（补短板阵型） 黄骅海水原良种繁育中心（补短板阵型）	中国水产科学研究院黄海水产研究所（专业化平台） 宁波大学（专业化平台） 中国科学院海洋研究所（专业化平台）
	青蟹	宁波华大海昌水产科技有限公司（破难题阵型） 广西海洋研究所有限责任公司（破难题阵型）	中国水产科学研究院东海水产研究所（专业化平台） 宁波市海洋与渔业研究院
贝	牡蛎	烟台海益苗业有限公司（补短板阵型） 青岛前沿海洋种业有限公司（补短板阵型）	中国海洋大学（专业化平台） 中国科学院海洋研究所（专业化平台） 中国科学院南海海洋研究所
		广西阿蚌丁海产科技有限公司 乳山华信食品有限公司 烟台市崆峒岛实业有限公司	福建省水产研究所 鲁东大学 乳山市海洋经济发展中心 山东省海洋资源与环境研究院 浙江省海洋水产研究所
	鲍	威海长青海洋科技股份有限公司（强优势阵型） 晋江福大鲍鱼水产有限公司（强优势阵型） 福建闽锐宝海洋生物科技有限公司	厦门大学（专业化平台） 中国海洋大学（专业化平台） 中国科学院海洋研究所（专业化平台） 浙江海洋大学
	螺		厦门大学（专业化平台） 海南省海洋与渔业科学院

续表

一级分类	二级分类	企业	科研院所
贝	蚶		中国科学院海洋研究所（专业化平台） 浙江省海洋水产养殖研究所
	扇贝	獐子岛集团股份有限公司（补短板阵型） 昌黎县振利水产养殖有限公司（补短板阵型） 青岛海弘达生物科技有限公司 威海长青海洋科技股份有限公司 烟台海益苗业有限公司 青岛八仙墩海珍品养殖有限公司 烟台海之春水产种业科技有限公司	中国海洋大学（专业化平台） 中国科学院海洋研究所（专业化平台） 大连海洋大学（专业化平台） 青岛农业大学 辽宁省海洋水产研究所 汕头大学
	蛤		中国科学院海洋研究所（专业化平台） 大连海洋大学（专业化平台） 浙江省海洋水产养殖研究所 浙江万里学院
	蛏	三门东航水产育苗科技有限公司（补短板阵型） 福建省宝智水产科技有限公司（补短板阵型）	上海海洋大学（专业化平台） 浙江万里学院
藻	海带	大连海宝渔业有限公司（强优势阵型） 福建省连江县官坞海产开发有限公司（强优势阵型） 威海长青海洋科技股份有限公司（强优势阵型） 山东东方海洋科技股份有限公司 福建省三沙渔业有限公司 福建省霞浦三沙鑫晟海带良种有限公司 荣成海兴水产有限公司 荣成市蜊江水产有限责任公司 山东寻山集团公司	中国海洋大学（专业化平台） 中国科学院海洋研究所（专业化平台） 中国水产科学研究院黄海水产研究所（专业化平台） 山东烟台海带良种场 烟台水产技术推广中心
	裙带菜	大连海宝渔业有限公司（强优势阵型）	中国科学院海洋研究所（专业化平台）

续表

一级分类	二级分类	企业	科研院所
藻	紫菜	南通宏顺水产品有限公司（补短板阵型） 福州闽之海水产苗种有限公司（补短板阵型）	集美大学（专业化平台） 上海海洋大学（专业化平台） 宁波大学（专业化平台） 常熟理工学院 江苏省海洋水产研究所 福建省大成水产良种繁育试验中心 浙江省海洋水产养殖研究所
	江蓠		中国海洋大学（专业化平台） 中国科学院海洋研究所（专业化平台） 福建省莆田市水产技术推广站 汕头大学
海珍品	海参	山东好当家海洋发展股份有限公司（强优势阵型） 青岛瑞滋集团有限公司（强优势阵型） 山东安源种业科技有限公司（强优势阵型） 大连鑫玉龙海洋生物种业科技股份有限公司（强优势阵型） 大连力源水产有限公司 大连太平洋海珍品有限公司 山东东方海洋科技股份有限公司 山东华春渔业有限公司	大连海洋大学（专业化平台） 山东省海洋科学研究院（专业化平台） 中国科学院海洋研究所（专业化平台） 中国水产科学研究院黄海水产研究所（专业化平台） 山东省海洋资源与环境研究院 大连水产学院
		山东黄河三角洲海洋科技有限公司 烟台海育海洋科技有限公司 烟台市岠嵎岛实业有限公司 威海圣航水产科技有限公司	鲁东大学 山东省海洋生物研究院 烟台市芝罘区渔业技术推广站
	海胆		大连海洋大学（专业化平台）
	海水珍珠	广东岸华集团有限公司 广东绍河珍珠有限公司 雷州市海威水产养殖有限公司	中国水产科学研究院南海水产研究所（专业化平台） 广东海洋大学 海南大学 中国科学院南海海洋研究所

一、重点企业画像

在鱼、虾、蟹、贝、藻、海珍品六类中，根据农业农村部公布的阵型企业清单、企业拥有的新品种数量及获批时间，选择了烟台开发区天源水产有限公司、象山港湾水产苗种有限公司、海南晨海水产有限公司、广东海兴农集团有限公司、昌邑市海丰水产养殖有限责任公司、烟台海益苗业有限公司、威海长青海洋科技股份有限公司、青岛前沿海洋种业有限公司、大连海宝渔业有限公司、山东好当家海洋发展股份有限公司、青岛瑞滋集团有限公司 11 家重点企业，梳理企业的研发方向、研发人员、研发平台以及专利布局等情况，见表 2-5—表 2-15。

表 2-5　烟台开发区天源水产有限公司基本情况

企业名称	烟台开发区天源水产有限公司
企业类型	高新技术企业；补短板型阵型企业（农业农村部）
基本信息	是集科研、生产和开发于一体的民营高科技水产养殖企业。拥有 10 000 m² 的育苗水体、70 000 m² 的陆基工厂化海水鱼类养殖车间、460 个海上养鱼网箱。是雷霁霖院士所创建的"温室大棚＋深井海水工厂化养成模式"最早的实践单位之一，是国家科技进步二等奖"大菱鲆的引进和苗种生产技术的研究"成果的第二完成单位
研发方向	名优比目鱼类育苗、养成 主要产品：刺参、大菱鲆、牙鲆、圆斑星鲽 苗种：大菱鲆、牙鲆、黑鲷、许氏平鲉、大泷六线鱼、圆斑星鲽
研发人员	公司现有职工 83 人，其中各类专业技术人员 21 人
研发平台	国家级大菱鲆良种场、院士工作站、山东省天源大菱鲆工程技术研究中心、鲆鲽类产业技术体系烟台综合试验站、中国水产科学研究院黄海水产研究所科研基地、烟台市鱼类养殖标准化示范基地等
专利布局	拥有渔业育种、育苗、养殖等方面的专利 12 件。公开发明专利有一个大菱鲆饲料转化率相关的微卫星标记引物及其应用（CN115992249A）、一种水产养殖肥料及其制备方法（CN113383873A）等；授权实用新型有一种适用于鲈鱼养殖试验的网箱（CN216627126U）、一种黏性卵孵化装置（CN217284480U）、一种用于渔用疫苗连续注射接种操作的可移动平台装置（CN211610192U）等

表 2-6　象山港湾水产苗种有限公司基本情况

企业名称	象山港湾水产苗种有限公司
企业类型	科技型中小企业；补短板型阵型企业（农业农村部）

续表

基本信息	位于宁波市南部的象山港畔，其前身是宁波海湾水产苗种繁育中心。有育苗水体 2 100 m³、饵料水体 200 m³、越冬室水体 230 m³、蓄水池水体 1 200 m³、日出水量 600 m³，地下深井 3 口，配有 3×3 网箱 520 只，公司占有养殖水面和陆地面积 146 000 m²
研发方向	岱衢族大黄鱼、东海黄姑鱼、东海鮸鱼、本地黑鲷、真鲷、杂交鲷、鲈鱼、河鲀鱼、石斑鱼等十几种良原种储备 主要产品：闽东族大黄鱼、本地岱衢族大黄鱼、黄姑鱼、黑鮸鱼、黑鲷、真鲷、黑毛鳕、鲈鱼、河鲀鱼、美国红鱼、花尾胡椒鲷、斜带刺鲷、红鳍笛鲷、鲻鱼、马鲛鱼、翡翠石斑鱼、点带石斑鱼、杂交鲷等 18 种海水鱼品种和三疣梭子蟹、泥蚶、缢蛏等品种
研发人员	外聘科技顾问教授 2 名，高工、博士、研究员各 1 名，新研发创新品种能直接技术合作支持的院校所 8 家。
研发平台	浙江省省级水产优质种苗规模化繁育基地、东海岱衢族大黄鱼原良种基地
专利布局	拥有水产育种、育苗、养殖等方面的专利 15 件。其中公开发明专利有用于提高小黄鱼亲鱼繁殖性能的湿性饲料及饲喂方法（CN112998158A）；授权发明专利有一种养殖银鲳幼鱼的快速驯化方法（CN110100771B）、一种银鲳生态育苗方法（CN111280091B）、一种从银鲳中分离的多肽（CN107586329B）、一种对革兰氏阳性菌具有抗性的多肽（CN107602686B）、一种从银鲳中分离的具有抗菌性能的多肽（CN107602685B）；授权实用新型有一种养殖网箱（CN217012322U）、一种池壁清洗工具（CN216219618U）等

表 2-7　海南晨海水产有限公司基本情况

企业名称	海南晨海水产有限公司
企业类型	高新技术企业；科技型中小企业；补短板型阵型企业（农业农村部）
基本信息	创办于 2010 年，主营业务以水产南繁种业为核心，以水产养殖加工仓储冷链物流、预制菜、海洋食品、海洋保健品为支撑，以休闲渔业、海洋牧场、科普教育、海洋文化为延伸，形成保引育繁选推种养加贸游一体化、农文旅三产结合的产业业态。公司现为国家农业产业化重点龙头企业、国家高新技术企业、国家知识产权示范企业、海南省首批上市（挂牌）后备企业、中国水产流通与加工协会石斑鱼分会及海南省南海鱼类种苗协会两个协会的会长单位。2018 年被评为"水产中国芯"中国水产种苗年度影响力企业。2022 年被农业农村部审定为中国水产种业育繁推一体化 20 家优势企业之一（海南省独家）、国家种业阵型企业（同时入选石斑鱼补短板阵型和卵形鲳鲹破难题阵型）
研发方向	拥有适合南海、台湾海峡、东海生长的经济性海水鱼类 52 个品种，种鱼超过 10 万尾，选育年限超 20 年，并已初步建立热带海水鱼类种子库和精子库，多个品种为独家保有 新品种：虎龙杂交斑、金鲳"晨海 1 号"

续表

研发人员	长期与20余家国内高等科研院校所及8名院士紧密交流与合作，建成林浩然院士工作站、包振民和刘少军院士创新平台。与中国海洋大学科研共建水产遗传育种基地
研发平台	建有25处海水鱼类亲鱼原良种保种、育种、选育、种苗繁育、商品鱼养殖、加工冷链仓储物流基地
专利布局	截至2022年6月，公司申请发明专利138项，包括一种石斑鱼仔稚鱼配合饲料及其制备方法（CN111109472A）、一种高产稳产的枝角类集约化培育方法（CN111134057A）、一种杉斑石斑鱼的人工繁殖方法（CN107568116B）、一种圆燕鱼的人工繁殖方法（CN107581106B）等。

表 2-8　广东海兴农集团有限公司基本情况

企业名称	广东海兴农集团有限公司
企业类型	高新技术企业；破难题阵型企业（农业农村部）
基本信息	隶属于广东海大集团，是广东省农业龙头企业，在广东等地共有100多个苗种基地，拥有68 000 m³ 育苗水体，年销售虾苗过百亿尾。2020年实现营业总收入604.84亿元，净利润24.99亿元，同比增长50%。全年实现饲料销量约1 470万吨，同比增长约20%
研发方向	南美白对虾的遗传育种、研发、生产、销售及服务 新品种："海兴农2号"南美白对虾
研发人员	现有员工约900人，中专以上学历的员工达70%
研发平台	省级对虾良种场
专利布局	拥有多件海水养殖方面的专利，其中发明申请有一种凡纳滨对虾良种的选育方法（CN103749367B）、用于黄颡鱼及乌鳢超雄鱼及全雄鱼开发的后裔测定方法（CN103798173B）、用于黄颡鱼及乌鳢超雄鱼及全雄鱼开发的后裔测定方法（CN103798173A）、一种防止对虾养殖中倒藻的方法（CN103039385B）、一种凡纳滨对虾良种的选育方法（一种凡纳滨对虾良种的选育方法）等。

表 2-9　昌邑市海丰水产养殖有限责任公司基本情况

企业名称	昌邑市海丰水产养殖有限责任公司
企业类型	补短板型阵型企业（农业农村部）；创新型试点企业
基本信息	位于潍坊。与中国水产科学研究院黄海水产研究所合作，先后共同承担了"十一五"国家"863"项目"海水养殖种子工程'虾蟹高产抗病品种的培育'"、"十二五"国家"863"项目"主要养殖甲壳类良种培育"课题和国家对虾产业技术体系"中国对虾遗传育种"课题，并获省部级科技进步奖5项

研发方向	对虾苗、河蟹苗、鱼苗 水产新品种：三疣梭子蟹"黄选1号"、中国对虾"黄海3号"
研发平台	2013年联合18家科研院所和企业，牵头成立了潍坊市级战略联盟——虾蟹良种产业技术创新战略联盟
专利布局	暂无

表2-10 青岛前沿海洋种业有限公司基本情况

企业名称	青岛前沿海洋种业有限公司
企业类型	高新技术企业；科技型中小企业；补短板型阵型企业（农业农村部）
基本信息	于2016年11月创立，注册资金7 500万元，位于青岛。是国内首家以水产养殖遗传育种高新技术为主导的科技型海洋种业公司。现拥有国内最大的牡蛎产业生态体系（产业联盟），现有总部基地1个、自主研发基地2个、苗种扩繁基地57家、养殖示范基地36家、战略合作基地3家，实现了牡蛎主产地全覆盖
研发方向	以贝类遗传育种技术研究和新品种开发为主业，现自主拥有贝类多倍体育种技术，拥有经多代选育的多个牡蛎四倍体群体和优良的三倍体苗种，拥有单体牡蛎生产技术以及一流的贝类育苗、中培、养殖技术 主要产品：长牡蛎"前沿1号"、福建牡蛎三倍体"前沿2号"、杂交牡蛎三倍体"前沿3号"、三倍体海湾扇贝、海湾扇贝（橙色）、崂山鲍鱼、三倍体鲍鱼
研发人员	现有技术研发人员40余人，科研人员占比70%左右，企业每年投入研发经费1 000多万
研发平台	山东省牡蛎种业技术创新中心。该创新中心于2022年获批，以服务山东省海洋养殖产业的可持续发展、促进产业结构调整和转型升级为目标，以牡蛎这一大宗贝类为核心，开展多倍体分子育种及新品种创制研究，研发配套的苗种繁育和养成技术，开展产业示范推广，建立完善的"育繁推"一体化技术体系
专利布局	拥有牡蛎育种、育苗、养殖等方面的专利16件，其中实用新型10件、发明申请3项、授权发明3件。授权发明专利：一种福建牡蛎和熊本牡蛎种间杂交生产三倍体牡蛎的方法（CN113951194B）、一种牡蛎浅海养殖依附杆（CN110089465B）、一种旋转便采式牡蛎养殖附着器（CN109618995B）

表2-11 烟台海益苗业有限公司基本情况

企业名称	烟台海益苗业有限公司
企业类型	高新技术企业；科技型中小企业

续表

基本信息	始建于 2000 年，坐落在蓬莱刘家沟镇海头村，是一家以水产育苗业为主体，集育苗、养殖、营销、研发于一体的综合型民营企业。目前拥有育苗生产基地 3 处，其中蓬莱 2 处，莱州 1 处；育苗总水体 67 000 m^3，池塘 1 200 亩，近岸海域约 3 000 亩。采取工厂、池塘、海上相结合的模式，加强苗种的培育；实行多品种、大水体常年循环使用，进一步提高资源的利用率和产出率
研发方向	主营业务包括虾夷扇贝、海湾扇贝、海参、鲍鱼、海带等亲本繁育、苗种繁育及推广，年产优质虾夷扇贝苗种 70 亿粒，海湾扇贝苗种 20 亿粒，海带苗 10 亿株，各种规格海参苗种 60 万斤，鲍鱼苗 800 万枚，年产值 8 000 万元 虾夷扇贝苗种产量、质量和品种均处于国内领先地位；海带苗种年产量占山东省海带苗种总产量的 10% 以上 新品种："蓬莱玉参""紫海参新品种""黑鳕鱼"等
研发人员	现有职工 250 余人，其中高、中级技术人员 30 余人
研发平台	中国海洋大学等教学科研基地、山东省现代农业产业技术体系"刺参产业创新团队"烟台综合试验站示范基地、国家海藻工程技术研究中心良种繁育基地、海带种质资源与创新实验室、山东省渔业资源修复行动市级海水贝类增殖站
专利布局	现已通过鉴定的科研项目 2 项，在研国家、省、市级项目 4 项，自选项目 1 项，拥有专利 8 项，包括一种海参养殖水质修复剂及其制备方法（CN115557627A）、一种低分量海参活性肽的提取方法（CN111424067B）、一种全生态海参养殖的方法（CN115299391A）、一种刺参养殖池底质改良剂的制备方法（CN111439905B）等

表 2-12　威海长青海洋科技股份有限公司基本情况

企业名称	威海长青海洋科技股份有限公司
企业类型	高新技术企业；科技小巨人企业；强优势阵型企业（农业农村部）
基本信息	位于山东省荣成市，是农业产业化国家重点龙头企业。现有职工 3 600 多人，总资产 21 亿元，确权海域 10 万亩。涉及海水育苗与养殖、海洋食品加工、海藻生物提取、海藻肥、微藻养殖等 10 多个产业。建有包括 10 万亩海带、裙带养殖海区在内的国家级海洋牧场示范区，年固碳量约 42.5 万吨。承担国家"863""973"和科技支撑计划等项目近 30 项，在海水育种、海域生态环境、加工提取等各个领域取得了丰硕的成果，被认定为首批国家"863"计划成果产业化基地
研发方向	藻类、贝类育种、养殖；藻类、贝类作业过程机械化；海洋食品研发；微藻提取加工 主要产品：皱纹盘鲍"寻山 1 号"、栉孔扇贝"蓬莱红 3 号"新品种等
研发人员	拥有一批高素质的年轻研发团队

续表

研发平台	院士工作站和博士后科研工作站；中国海洋大学、中国科学院海洋所及水科院黄海所等科研院所科研实验基地
专利布局	拥有藻类、贝类育种、养殖等方面的专利100件，其中授权发明专利有一种弧菌噬菌体及其应用（CN114774371B）、一种多功能海带采收船及采收方法（CN114946392A）、一种延绳式海带晾晒系统及晾晒方法（CN115176839A）、一种提高鲍鱼零售运输存活率的方法（CN115885899A）等，授权实用新型专利有一种鲍苗全自动喂饵装置（CN218897960U）、一种提取岩藻黄质的一体化装置（CN218961817U）、一种鲍苗受精卵的孵化装置（CN218999258U）等

表2-13 大连海宝渔业有限公司企业基本情况

企业名称	大连海宝渔业有限公司（曾用名：大连太平洋海珍品有限公司）
企业类型	高新技术企业；强优势阵型企业（农业农村部）
基本信息	创办于1993年，隶属于韩伟集团有限公司，有3家分、子公司，拥有"海宝""海龙涎"两大品牌。是以海珍品育苗、增养殖和深加工为一体的高新技术企业、旅顺口区国家农业科技园区龙头企业。总资产4亿元人民币，占地面积15万平方米，拥有育苗水体3万立方米，年育鲍鱼、海胆优质苗种5 000万枚，裙带菜苗、海带苗各3万帘。拥有2万亩海洋牧场，国家一类海域，水质清澈、无污染，年产成品鲍鱼、海胆100余吨，鲜裙带菜、鲜海带5万吨
研发方向	以海珍品、藻类育苗、增养殖和深加工为一体 主要产品：海胆"大金"、海参"水院1号"、裙带菜"海宝1号"、"海宝2号"
研发人员	参保人数249人
研发平台	国家虾夷马粪海胆良种场、国家裙带菜良种场、国家级出口食品农产品质量安全示范基地
专利布局	拥有海珍品、藻类育苗、增养殖和深加工等方面的专利60余件，其中授权发明专利包括一种裙带菜配子体育苗生产中防治底栖硅藻污染的方法（CN112956413B）、一种裙带菜孢子叶黏液的分离方法（CN111454373B）等，授权实用新型专利包括一种新型裙带菜夹苗装置（CN217308644U）、一种海藻配子体充气气体过滤装置（CN218221585U）、一种用于绑缚筏绳上浮球的装置（CN214451653U）、一种海藻人工繁育用观察装置（CN214545949U）、用于海藻配子体扩增培养的三角烧瓶加热辅助装置（CN214406477U）等。

表2-14 山东好当家海洋发展股份有限公司基本情况

企业名称	山东好当家海洋发展股份有限公司
企业类型	高新技术企业

续表

基本信息	位于威海市，创建于1978年，是一家以海参全产业链为主营业务，集水产养殖、食品加工、医药保健、远洋捕捞、热电造纸、滨海旅游等产业为一体的大型企业集团，形成了渔工贸、产学研一体化的综合性经营格局。集团现拥有资产100多亿元。2004年控股子公司山东好当家海洋发展股份有限公司在上海证券交易所主板上市，以海水养殖及食品加工为主营业务，股票代码：600467。公司建有10万亩海水养殖基地（其中围海养殖基地5万亩）和100多万平方米水产苗种基地。荣获2020年度国家科技进步二等奖
研发方向	采用增殖养护模式进行刺参、牡蛎、海带、鱼、虾、蟹等水产品养殖，实现海参全产业链模式 水产新品种："好当家2号"海参
研发人员	直属企业50多家，职工7 000多人
研发平台	国家级海洋牧场示范区、全国海水养殖标准化示范区、山东省海参良种基地，中国水产科学院黄海水产研究所科学研究基地、中国科学院海洋研究所科研成果转化基地
专利布局	拥有发明专利80项，包括一种海参养殖水质修复剂及其制备方法（CN115557627A）、一种低分量海参活性肽的提取方法（CN111424067B）、一种全生态海参养殖的方法（CN115299391A）、一种刺参养殖池底质改良剂的制备方法（CN111439905B）等。

表2-15　青岛瑞滋集团有限公司基本情况

企业名称	青岛瑞滋集团有限公司（曾用名：青岛瑞滋海珍品发展有限公司）
企业类型	高新技术企业；科技型中小企业；补短板型阵型企业（农业农村部）
基本信息	位于青岛市黄岛区琅琊镇陈家贡湾畔，成立于2008年4月，注册资金2 000万元，是一家集海参良种培育、育苗、研发、养殖、加工、销售为一体的刺参科技产业创新企业，是我国北方地区规模较大的海参标准化生产示范基地之一。公司总投资2.6亿元，总占地面积2 480亩。现下设4个海参苗种培育厂，总占地面积120亩，育苗水体达72 000㎡，年育苗能力60亿~80亿头；现下设4个海参养殖基地，养殖面积1 400亩，年销售鲜活海参60万~80万斤。
研发方向	海参良种培育、育苗、养殖 主要产品：刺参"参优1号""琅琊青1号"和"参优2号"
研发人员	参保人数22人
研发平台	全国现代渔业种业示范场、农业部水产健康养殖示范场、中国科学院海参规范化养殖示范基地、青岛市海参苗种选育及健康养殖基地、青岛市海参产业技术工程研究中心

专利布局	拥有海参良种培育、育苗、研发、养殖、加工等方面的专利4件。其中授权发明专利3件：一种提高刺参亲本产卵量的方法（一种提高刺参亲本产卵量的方法）、一种池塘养殖系统中吸底式排水闸门及使用方法（CN106759136B）、一种刺参碟状颗粒饲料（CN103689278B）；授权实用新型专利1件：一种池塘养殖系统中吸底式排水闸门（CN206651238U）

二、重点科研院所画像

根据目前农业农村部公布的水产新品种数量，拥有5个以上水产新品种的研发高校院所分别为中国科学院海洋研究所、中国水产科学研究院黄海水产研究所、中国海洋大学、大连海洋大学、厦门大学、中国科学院南海海洋研究所、上海海洋大学。表2-16—表2-22为水产种业方向重点高校院所的研发方向、研发人员、研发平台、专利布局等情况。

表2-16　中国科学院海洋研究所基本情况

机构名称	中国科学院海洋研究所
隶属关系	中国科学院
基本信息	始建于1950年8月1日，是新中国第一个专门从事海洋科学研究的国立机构，是我国海洋科学的发源地
研发方向	拥有实验海洋生物学、海洋生态与环境科学等5个中科院重点实验室以及海洋生态养殖技术等国家地方联合工程实验室、海洋生物制品开发技术国家地方联合工程实验室等3个国家级科研平台，牵头组建青岛海洋科学与技术试点国家实验室的海洋生物学与生物技术、海洋生态与环境科学2个功能实验室，在江苏南通建有中科院长江口生态站 获批水产新品种："大连1号"杂交鲍、"中科红"海湾扇贝、"981"龙须菜、凡纳滨对虾"科海1号"、海湾扇贝"中科2号"、三疣梭子蟹"科甬1号"、文蛤"科浙1号"、裙带菜"海宝1号"等
研发人员	目前有在编职工700余人，其中专业技术人员600余人，两院院士3人，博士生、硕士生导师170余人，在读研究生500余人，在站博士后120余人。设有一级博士学位点3个、二级博士学位点9个、硕士学位点10个、专业硕士学位点2个和海洋科学、水产2个博士后流动站
研发平台	实验海洋生物学重点实验室、海洋生物分类与系统演化实验室

续表

专利布局	授权发明专利 1 700 余件，其中重点专利包括一种快速建立大泷六线鱼近交系的方法（2020 1 0005224.7）、凡纳滨对虾 C 型清道夫受体内与生长相关分子标记及应用（2018 1 1293561.X）、一种褐藻多糖衍生物纳米胶束的制备（2020 1 0160395.7）、一种浒苔漂浮生态型叶绿体基因组特异分子标记及其应用（2021 1 0797903.7）等

表 2-17 中国水产科学研究院黄海水产研究所基本情况

机构名称	中国水产科学研究院黄海水产研究所
隶属关系	中国水产科学研究院
基本信息	是我国成立最早的综合性海洋渔业研究机构，位于青岛
研发方向	围绕"海洋生物资源开发与可持续利用研究"这一中心任务，在"渔业资源与生态环境""种子工程与健康养殖"和"水产加工与质量安全"等领域取得了 300 多项国家和省部级成果，其中国家级奖励 45 项，为我国鱼、虾、蟹、贝、藻、参等海水增养殖业做出了开创性贡献，为中国渔业生物学和渔场海洋学研究做出奠基性贡献；首次提出"种鱼与开发水上牧场"即"水产农牧化"的科学思想，开创了我国北方人工鱼礁的建设与发展工作
研发人员	现有在职职工 409 人，其中中国工程院院士 3 人，高级专业技术人员 188 人；博士生导师 22 人、硕士生导师 85 人；国家级有突出贡献专家 3 人
研发平台	国家海洋水产种质资源库、国家水产品质量检验检测中心、农业部海洋渔业可持续发展重点实验室、农业部水产品质量安全检测与评价重点实验室、农业部水产种质与渔业环境质量监督检验测试中心（青岛）、农业部黄渤海区渔业生态环境监测中心、山东省渔业资源与生态环境重点实验室、山东省海洋渔业生物技术和遗传育种重点实验室（筹）、中韩渔业联合研究中心、世界动物卫生组织参考实验室
专利布局	共申请专利 1 571 件，其中授权发明 770 件、发明申请 535 项、授权发明 305 件。其中重点专利有一种静水压法批量诱导大菱鲆三倍体的方法（CN114557296B）、一种虾类家系内多级标准化选育方法（CN113796342B）、一种杜氏枪乌贼苗种培育方法（CN113749021B）、一种基于足囊生殖的海蜇苗种生产方法（CN113632751B）、一种耐低氧青石斑鱼杂交育种方法（CN112471008B）等

表 2-18 中国海洋大学基本情况

机构名称	中国海洋大学
隶属关系	教育部

基本信息	是一所海洋和水产学科特色显著、学科门类齐全的教育部直属重点综合性大学，是国家"985工程"和"211工程"重点建设的高校，2017年入选国家"世界一流大学建设高校（A类）"。长期以水产学科为核心和重要特色学科之一，并成为我国历次水产业革命性浪潮的主要推动者和实践者。水产学科作为国内首个硕士学位（1984）和博士学位授权点（1986），同时也是国内第一个水产学博士后流动站（1999）和首个博士学位授权一级学科点（2000）。2007年本学科被评为目前国内唯一的水产学一级学科国家重点学科，并入选国家"高等学校学科创新引智计划（111计划）"，2013年入选山东省"泰山学者优势特色学科人才团队支持计划"，2020年获得"高等学校学科创新引智计划2.0（111计划2.0）"支持。在2004、2007和2012年的三轮全国水产学科评估中均获得第一名，在2017年公布的学科评估中获评A+，同年入选教育部"世界一流"学科建设名单，2022年入选教育部第二轮"双一流"建设学科名单
研发方向	海水养殖良种培育和新品种开发方向、海水养殖健康养殖工程技术体系方向、海水养殖饲料工程技术体系方向、海水养殖鱼病诊断防治工程技术体系方向等 获批水产新品种："荣福"海带、"蓬莱红"扇贝、海大金贝、"三海"海带、长牡蛎"海大1号"、栉孔扇贝"蓬莱红2号"、龙须菜"鲁龙1号"等
研发人员	水产学院现有教职工136人，其中专任教师79人，工程、实验系列教师15人，教授54人，高级职称占教师总数的87%。现有中国工程院院士1人、中国科学院院士1人、长江学者特聘教授3人、国家杰出青年基金获得者5人、教育部新世纪人才10人，中国海洋大学"筑峰人才工程"第一层次1人、"筑峰人才工程"第二层次4人
研发平台	海水养殖教育部重点实验室、海水养殖教育部工程研究中心、海州湾渔业生态系统教育部野外科学观测研究站、农业农村部水产动物营养与饲料重点实验室
专利布局	种业相关专利有一种三角褐指藻遗传转化体系构建的快速检测方法（CN102382873A），一种简单、快速、准确的小球藻低温保存存活率的测定方法（CN102384903A），牡蛎多肽在制备抑制黄嘌呤氧化酶的药物中的应用（CN115845023A），一种抗沉降梯型玄武岩格栅牡蛎礁装置（CN114304027B），等等

表2-19　大连海洋大学基本情况

机构名称	大连海洋大学
隶属关系	辽宁省教育厅
基本信息	大连海洋大学是我国北方地区唯一的一所以海洋和水产学科为特色，农、工、理、管、文、法、经、艺等学科协调发展的多科性高等院校。学校主持完成的"红鳍东方鲀健康养殖技术研究与应用"项目、"冷水褐藻培育与加工全产业链关键技术创新及产业化"项目先后获得2019年、2020年辽宁省科技进步一等奖；"海参高值化加工与高效利用关键技术及产业化应用"项目获2020年辽宁省科技进步二等奖；"水产无脊椎动物免疫识别的分子机制"项目获2020年高等学校科学研究优秀成果奖（科学技术）二等奖；"营养与免疫集成调控技术在刺参健康养殖中的应用及推广"项目获2018年辽宁省科技进步三等奖

续表

研发方向	我国北方地区内陆渔业水体和环黄渤海海洋区域的水产养殖、渔业资源、渔业装备、疫病防控、渔政管理及休闲渔业；有水产养殖学、海洋渔业科学与技术、生物技术、生物科学、水族科学与技术、水生动物医学等 获批 3 个水产新品种：菲律宾蛤仔"白斑马蛤"、虾夷扇贝"明月贝"、菲律宾蛤仔"斑马蛤 2 号"
研发人员	水产学院现有教职工 127 人，其中正高级职称 28 人，副高级职称 39 人，博士 92 人，有双聘院士 2 人，国家杰出青年基金获得者 1 人，新世纪百千万人才工程国家级人选 2 人，享受国务院政府特殊津贴专家 6 人，教育部新世纪优秀人才支持计划 1 人，辽宁省优秀专家 1 人，辽宁省教学名师 4 人，辽宁省特聘教授 3 人
研发平台	农业农村部刺参遗传育种中心、国家海藻加工技术研发分中心
专利布局	种业相关专利有一种菲律宾蛤仔的繁育方法（CN201410075131.6）、双阶段冰－低温热泵联合干燥装置（CN201510903304.3）、安全高效的海胆幼苗剥离原药以及剥离制剂（CN201710918437.7）、用于扇贝捕捞的生态型惊扰装置（CN201710242919.5）、一种海洋厌氧氨氧化菌的富集培养方法（CN201410594389.7）、一种检测海洋生物体内塑料含量的方法（CN201610866749.3）

表 2-20　厦门大学基本情况

机构名称	厦门大学
隶属关系	教育部
基本信息	海洋与地球学院已建成了一个涵盖海洋生物科学与技术、海洋化学与地球化学、物理海洋学、应用海洋物理与工程、地质海洋学等学科的门类齐全、层次完整的学科体系；拥有海洋科学国家一级重点学科，海洋科学一级学科博士学位授权点和博士后流动站；形成海洋科学国家理科基础科学研究和教学人才培养基地、海洋环境科学国家实验教学示范中心等国家级人才培养基地；开设"海洋科学拔尖学生培养基地"
研发方向	鲍、螺系列国审水产新品种培育、大黄鱼良种选育工作等 水产新品种：杂色鲍"东优 1 号"、日本囊对虾"闽海 1 号"、西盘鲍、方斑东风螺"海泰 1 号"、绿盘鲍等
研发人员	海洋与地球学院现有专任教师 115 人，包括中国科学院院士（2 名）、长江学者特聘教授（3 名）、国家杰出青年科学基金获得者（8 名）等各类国家级高层次人才 45 人次
研发平台	海洋生物制备技术国家地方联合工程实验室、海水养殖生物育种全国重点实验室

续表

专利布局	种业相关专利有一种框架式多层养殖箱及框架式多层鲍鱼养殖箱（CN113229192B）、一组可应用于大黄鱼抗刺激隐核虫育种的 SNP 标记（CN112501317B）、一种东风螺自净式喷淋养殖设施及养殖方法（CN110178771B）、一种大黄鱼家系构建及优良家系选育的方法（CN110771538B）等

表 2-21　中国科学院南海海洋研究所基本情况

机构名称	中国科学院南海海洋研究所
隶属关系	中国科学院
基本信息	成立于 1959 年 1 月，是国立综合性海洋研究机构
研发方向	运用现代海洋生物学理论和生物技术，发展热带海洋生物种质保存、种苗选育、病害控制和健康增养殖工程理论和技术；阐明南方海区主要海水养殖物种的种质特性及其对环境变化的适应机理；构建热带海洋经济动物健康增养殖技术保障体系；实现一批特色、优良新品种的产业化养殖，致力于我国海洋经济发展的动力转换与南海岛礁生态系统的修复策略 水产新品种：凡纳滨对虾"中科 1 号"、马氏珠母贝"南科 1 号"、牡蛎"华南 1 号"、凡纳滨对虾"正金阳 1 号"、熊本牡蛎"华海 1 号"等
研发人员	该所热带海洋生物资源与生态重点实验室目前在编（含项目聘用）职工 153 名，其中正高职称人员 52 名（含项目聘用 10 名），副高职称人员 54 名（含项目聘用 15 名），中级职称人员 47 名（含项目聘用 10 名）
研发平台	热带海洋生物资源与生态重点实验室下属 4 个室内研究平台，分别是海洋生物资源研究平台、生物多样性及生态系统研究平台、海洋活性物质开发利用研究平台、海洋生物样本馆
专利布局	申请发明专利 1 141 件，拥有授权专利数量 774 件，种业相关专利有一种获得线纹海马杂交优势的育种方法（CN105145419B）、一株通过太空育种获得的高品质海水螺旋藻及其用途（CN108265014B）、一种小规格砗磲幼贝底播增殖方法（CN107771718B）、一种提高人工繁育砗磲幼贝增殖放流成活率的方法（CN107897068B）、一种华南沿海香港牡蛎室内大规模人工繁育方法（CN103798166B）、一种僧帽牡蛎的人工繁育方法（CN103798167B）、一种大马蹄螺的人工育苗方法（CN108207716B）、一种香长杂交牡蛎品系的培育方法（CN103814848B）等

表 2-22　上海海洋大学基本情况

机构名称	上海海洋大学
隶属关系	上海市教育局

续表

基本信息	是多科性应用研究型大学，上海市人民政府与国家海洋局、农业农村部共建高校。2017 年 9 月入选国家"世界一流学科建设高校"。2022 年 2 月入选第二轮"双一流"建设高校及建设学科名单
研发方向	水产与生命学院建有水产种质与育种系、水产生理与医学系、水产养殖系、水生生物系 4 个系，拥有水产、生物学、海洋科学 3 个一级学科博士点，水产、生物学 2 个博士后流动站，水产学（水产养殖）、生物学、海洋科学（海洋生物学）3 个一级学科硕士学位授权点和农业硕士（渔业发展领域）1 个专业学位授权点，水产养殖学、水族科学与技术、水生动物医学、生物科学、生物技术等 5 个本科专业
研发人员	水产与生命学院在编教职工 164 人，其中，国家杰青 1 人、国家优青 1 人、国家百千万人才 2 人、上海市领军人才 3 人、上海市优秀学科带头人 3 人、上海市农业领军人才 4 人、国家海洋局海洋领域优秀科技青年 2 人、上海市东方学者、上海市启明星、上海市曙光学者、上海市晨光学者、霍英东青年教师奖等荣誉或奖励 22 人次
研发平台	水产种质资源发掘与利用教育部重点实验室、中国渔业发展战略研究中心、大洋渔业资源可持续开发实验室、水产动物遗传育种上海市协同创新中心
专利布局	申请发明专利 2 803 件，拥有授权专利 114 件，重点专利有一种鳗鲡受精卵孵化和仔鱼培育的循环水养殖系统及其使用方法（CN104604784B）、一种三角帆蚌苗种早繁方法（CN102550457B）、一种综合抗逆鮃鲽鱼筛选方法（CN107568131B）、三疣梭子蟹雌体快速育膏方法（CN101796930B）、一种提升南美白对虾育苗活苗量和养殖产量的方法（CN105309342B）等

第三章

海洋生物医药与制品产业创新
与产业全景图谱

　　海洋生物医药与制品产业是指以海洋生物为原料，利用生物、化学等技术提取有效成分，进行海洋药物、海洋生物医疗器械和功能性海洋生物制品的生产、加工、制造、销售等的产业，属于国家战略性新兴产业，具有研发周期长、高风险、高投资、高利润的特点。目前，海洋药物的主要发展方向是针对肿瘤、心血管疾病、致病微生物、神经系统疾病等人类重大疾病研发新型药物。海洋生物制品的主要发展方向包括海洋生物医疗器械、海洋功能食品和保健品、海洋生物农用制品、海洋生物酶制剂、海洋环保制品、海洋化妆品等。

第一节　海洋生物医药与制品产业发展综述

一、发展现状及趋势

近年来，美国、日本、德国、英国等海洋强国纷纷加大对海洋生物医药与制品产业研发的投入，海洋生物科技创新成为世界海洋产业持续健康发展的基础保障之一。随着经济的发展，各国对海洋生物医药与制品的研发力度日益增强，如美国国家研究委员会和美国国立癌症研究所、欧洲共同体、日本海洋科学技术中心及日本海洋生物技术研究院等机构每年均投入上亿美元作为海洋药物开发研究的经费，推进海洋药物的研发及成果转化。国际组织和主要海洋国家也推出若干海洋产业发展规划和行动计划，如美国国会海洋政策委员会建议相关部委"支持扩大研发工作，鼓励对海洋物种进化、生态、化学和分子生物学的多学科研究，发现潜在的海洋生物产品，并开发实用的化合物"。欧盟《海洋生物技术战略研究与创新路线图（2016—2030）》指出"在工业酶、药物、功能性食品、化妆品和农产品市场上，存在扩大海洋生物资源用途的重大机遇"，并提出"探索海洋环境、支持生物量生产和加工、提高产品创新和差异化、改进政策支持和激励、提供赋能技术与基础设施"5部分主题任务，爱尔兰在制定的《海洋研究创新战略2021》中指出将充分利用海洋生物、水产养殖等资源，推动海洋经济的繁荣发展。相关规划文件的发布，进一步推动了海洋生物医药与制品产业的发展。

海洋生物医药与制品产业是中国发展海洋战略性新兴产业的重点领域，也是发展"蓝色经济"的重要内容。借助国家"蓝色经济"战略，中国海洋生物医药产业呈现出快速发展态势，是近年来海洋产业中增长较快的领域。据自然资源部数据，2016年中国海洋生物医药增加值仅336亿元；2020年中国海洋生物医药研发力度不断加大，产业增势稳健，原料药延续较快发展态势，全年实现增加值451亿元，年均增长率为7.6%。中国海洋生物医药与制品产业的技术和产品创新活跃，部分领域已达到国际领先水平。

二、"十四五"布局

中国重视海洋生物医药产业。国家"十四五"规划纲要提出，建设现代海洋产业体系，围绕海洋工程、海洋资源、海洋环境等领域突破一批关键核心技术；培育壮大海洋工程装备、海洋生物医药产业，推进海水淡化和海洋能规模化利用，提高海洋文化旅游开发水平。

山东、辽宁、广东、福建积极发展海洋经济，"十四五"规划纲要均提及海洋生物医药产业（表3-1）。尤其是山东"十四五"规划纲要提出，实施新一轮海洋强省行动方案，发展海工装备、海洋生物医药、现代海洋牧场、海水淡化，打造海洋经济改革发展示范区；实施"蓝色药库"开发计划，建设国家海洋基因库，鼓励发展海洋生物医药、生物制品和新型功能材料，打造青烟威潍高端海洋生物医药产业基地。

表3-1　"十四五"规划涉及海洋生物医药产业相关内容

政策文件	目标	重点项目	支持方向
辽宁省"十四五"海洋经济发展规划	打造"蓝色生物谷"	推进抗阿尔茨海默病甘露特钠等海洋创新药物生产车间建设；探索在大连建设海洋生物样品库	推进海洋生物制药、海洋功能保健食品、新型海洋生物原料、海洋现代中药、海洋生物基因制品等研发和生产，大力发展南极磷虾油、海藻深加工、虾青素等新型海洋生物制品
山东省"十四五"海洋经济发展规划	到2025年，力争取得5个海洋新药及创新医疗器械证书、10个临床研究批件，系列海洋生物功能制品形成显著规模和经济效益	建设国家深海基因库，打造全球最大的海洋综合性样本、资源和数据中心。高水平建设海洋药物技术创新中心、海洋生物医药综合创新基地、产业技术孵化基地	实施"蓝色药库"开发计划，发展高效安全生态的海洋药物与生物制品技术，加速海洋创新药物、生物功能制品研发与产业化
江苏省"十四五"海洋经济发展规划	依托苏州、泰州等城市医药产业优势，打造海洋药物和生物产业新高地	依托重点园区，积极引导生物医药龙头企业建设药物研发技术平台、孵化中心	加快海洋生物药材及基因工程等研发；加快突破海藻多糖、系列多肽等海洋生物资源提取利用核心技术，开发高附加值的海洋保健品和功能性食品。支持重点发展海藻提取物、海洋复合材料及纤维、海洋除污材料等海洋生物材料产品，利用海洋动植物等生物质资源开发特殊功能海洋化妆品

政策文件	目标	重点项目	支持方向
上海市"十四五"海洋经济发展规划	海洋生物医药等海洋新兴产业规模不断壮大	鼓励临港新片区生命蓝湾发展海洋生物医药,探索建立海洋基因库	重点突破海洋智能装备、深远海勘探开发、极地考察、海洋新材料、海洋生物医药等领域"卡脖子"技术
浙江省"十四五"海洋经济发展规划	积极做强百亿级海洋生物医药产业集群	在海洋生物医药、海洋食品精深加工等领域新建一批省级企业科创载体	重点研发医用再生修复材料、组织工程材料、药物缓释材料等海洋高技术材料。聚焦鱼油提炼、海藻生物萃取、海洋生物基因工程等核心技术,力争在海洋生物医药领域的研发应用取得明显突破
福建省"十四五"海洋经济发展规划	到2025年,海洋新兴产业发展能级实现新突破,培育具有重要影响力的"蓝色硅谷"	推进厦门海沧生物医药港、福州江阴生物医药产业园、福州仓山生物医药科技园、漳州诏安金都科技兴海产业示范基地、漳州东山海洋生物科技产业基地、泉州石狮海洋生物产业园项目	推动海洋药物与生物制品产业向"高精特新"方向转变,重点在海洋创新药物、新型海洋生物医药材料、海洋微生物(微藻)发酵、海洋保健食品与化妆品、深海基因资源开发等领域进行创新突破
广东省"十四五"海洋经济发展规划	探索共建海洋工程装备、海洋电子信息、海洋生物医药产业集群	以广州、深圳国家生物产业基地为核心,加快推进广州南沙国家科技兴海示范基地、深圳国际生物谷大鹏海洋生物园、坪山生物医药科技产业城建设,推动珠海国际健康港和粤澳合作中医药科技产业、中山健康科技产业基地、佛山南海生物医药产业基地等建设	重点开展海洋生物基因、功能性食品、生物活性物质、疫苗和海洋创新药物等关键技术攻关,鼓励开发海洋高端生物制品和海洋保健品、海洋食品,支持替代进口的海洋药物技术和产品

第二节　海洋生物医药与制品产业图谱分析

　　海洋生物医药和制品业是中国发展海洋战略性新兴产业的重点领域，也是发展"蓝色经济"的重要内容。近年来，中国的海洋生物医药与制品产业的发展取得了长足的进步，特别是通过"十二五""十三五"两轮国家海洋经济创新发展示范项目的支持，一批科技成果产业化落地，推动产业实现稳步发展，使该产业在中国海洋经济总产值中比例不断上升，呈现出强劲发展态势。

　　海洋药物和生物制品业（即海洋生物医药与制品产业）指以海洋生物（包括其代谢产物）和矿物等物质为原料，生产药物、功能性食品以及生物制品的活动。按照国家市场监督管理总局（国家标准化管理委员会）发布的《海洋及相关产业分类》（GB/T 2071—2021）及相关文献，海洋药物和生物制品业主要包括海洋药物制造、海洋功能性产品制造、海洋生物制品制造三大类，如图3-1所示。

一、海洋药物

　　海洋药物主要包含海洋生物药品制剂、海洋化学药品制剂、海洋原料药、海洋中药。截至2022年年底，国内外共有49种来自海洋的活性物质或其衍生物，被批准上市或进入临床成功上市的药物有17种，进入Ⅲ期、Ⅱ期、Ⅰ期临床研究的活性物质分别有8、12、8种，折载于临床阶段的有4种。这些活性物质的治疗范围涉及众多疾病杂症领域，显示出独特疗效，具有重要的社会和经济效益。

　　我国海洋生物医药研发起步较晚，但研究成果较为丰富。目前，我国自主研发上市的海洋药物有藻酸双酯钠（PSS）、甘糖酯、海力特、甘露醇烟酸酯、多烯康、角鲨烯、海昆肾喜等。其中，心脑血管疾病治疗药物藻酸双酯钠是全球第13个、亚洲首个、我国唯一获国际认可的现代海洋创新药物；阿尔茨海默病治疗药物甘露特钠（GV-971）是全球第14个、我国第2个海洋创新药；慢性肾功能衰竭及代偿期、失代偿期和尿毒症早期疾病的治疗药物海昆肾喜胶囊是海洋中药方面研发的典型代表。

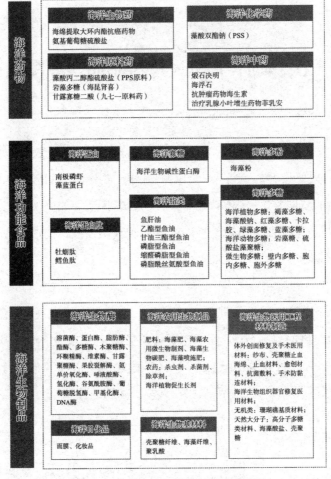

图3-1 海洋生物医药与制品产业图谱

据统计，全世界海洋药物与生物制品产业的规模已经高达数十亿美元，且该数字仍保持高速增长的态势。2022年，海洋药物与生物制品产业规模约为700亿元。

海洋生物药品制剂指以海洋生物及其代谢产物，以及以经进一步加工后的中间产物为原料，利用生物技术生产的生物化学药品、基因工程药物和疫苗等药品及制剂，如从海洋微生物提取有效成分生产大环内酯类抗癌药物等；海洋化学药品制剂指以海洋生物及其代谢产物，以及以经进一步加工后的中间产物为原料制造的直接用于人体疾病防治、诊断的化学药品制剂，如藻酸双酯钠等；海洋原料药指以海洋生物及其代谢产物为原料制造的供进一步加工药品制剂所需的原材料，如藻酸双酯钠原料药（藻酸丙二醇硫酸盐）、海昆肾喜原料药（岩藻聚糖）、甘露特钠原料药（甘露寡糖二酸）等；海洋中药是指在中医药理论指导下生产的用于防治疾病和养生保健的海洋天然药

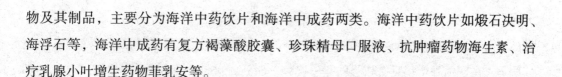

物及其制品,主要分为海洋中药饮片和海洋中成药两类。海洋中药饮片如煅石决明、海浮石等,海洋中成药有复方褐藻酸胶囊、珍珠精母口服液、抗肿瘤药物海生素、治疗乳腺小叶增生药物菲乳安等。

二、海洋功能食品

海洋功能食品就是指以海洋生物为资源而开发的具有明确功效和显著效果的功能食品。

海洋功能食品主要分为海洋蛋白、海洋脂类、海洋多糖、海洋寡糖、海洋蛋白肽、海洋多酚等六大类。海洋蛋白在种类和数量上与人体蛋白质组成接近,更易于被人体吸收,功效成分主要包括活性蛋白质、活性肽及活性氨基酸等,主要包括南极磷虾、藻蓝蛋白等;海洋脂类主要是不饱和脂肪酸和磷脂,如鱼肝油、乙酯型鱼油、甘油三酯型鱼油、磷脂型鱼油、缩醛磷脂型鱼油、磷脂酰丝氨酸型鱼油等;海洋多糖主要包含海洋植物多糖、海洋动物多糖、微生物多糖,海洋植物多糖有褐藻多糖、海藻酸钠、红藻多糖、卡拉胶、绿藻多糖、蓝藻多糖,海洋动物多糖有岩藻糖、硫酸盐藻聚糖,微生物多糖有壁内多糖、胞内多糖、胞外多糖等;海洋寡糖是由海洋生物多糖经不同方法降解得到的小分子聚合物,具有来源广泛、分子量小、结构独特等特点,主要为海洋生物碱性蛋白酶等;海洋蛋白肽主要从深海细菌、真菌、微藻以及海洋软体动物中分离,具有极大的基础研究和临床应用价值,是一类很重要的新药来源,主要有牡蛎肽、鳕鱼肽等;海洋多酚是从海洋生物中提取出来的多酚类化合物总称,因其具有的独特生理功能而成为酚类领域的研究热点,目前主要的海洋多酚来源为海藻粉。

三、海洋生物制品

海洋生物制品包含海洋生物酶制剂、海洋农用生物制品、海洋生物医用功能材料、海洋生物基材料、海洋化妆品和其他海洋生物制品。

海洋产酶微生物资源样品采集难且取样风险性较大,导致该领域的研究成果较少。随着海洋生物高新技术手段的不断发展,近年来海洋生物酶的研究也进入快速发展阶段。欧盟在 2015 年启动海洋生物酶大型科研项目,由此开发的部分产品已在生物制药、化妆品、生物质燃料等行业得到商业化应用;日本实施的深海环境调查科技高级研究计划"深海之星"在酶方面取得一定成果,如从日本海沟 6 500 m 水深采集的海泥中，分离到了嗜压、嗜冷细菌，其蛋白酶显示出较强的活力。我国经过多年研究发展，筛选到包括植酸酶、溶菌酶、唾液酸酶、葡萄糖脱氢酶等多种具有特殊生物活性的酶类，在国内外市场具有较强的竞争优势，部分酶制剂已经实现了产业化，被广泛应用于食品、医药、化工、饲料、纺织和皮革加工等多个应用行业。

海洋农用生物制品指以海洋生物为原料生产的农用生物制品，如海藻农用微生物制剂、海藻生物碳肥、海藻喷施肥。欧美国家在藻类生物刺激剂产品的研发方面具有明显优势，技术工艺较成熟，是主要市场参与者，代表产品如荷兰生产的叶驰素、根驰素等海藻系列产品，意大利生产的挪威海藻素，等等。我国在海洋农用生物制剂方面虽然起步较晚，但在动物疫苗、微生物农药、功能水产饲料及饲料添加剂、作物生长调节剂、水质改良制剂等海洋源农用生物制品方面全面发力，甲壳素衍生物农用生物制剂、壳寡糖衍生物植物促生长剂、环保型海洋生物功能肥料、海洋生物毒素杀虫剂等方面的研究已全面展开，寡糖生物农药制剂已在国内大部分省市进行推广应用，部分产品已销往海外。

海洋生物医用工程材料指以海洋生物或其提取物为原料生产的卫生材料、外科敷料以及其他内、外科用医药制品、药品用辅料和包装材料，如壳聚糖止血海绵、海藻植物软胶囊复合胶。此类材料属于天然可再生生物资源，且其结构多样、功能独特，具有一定的生物学活性，大部分海洋生物医用材料具有生物可降解吸收、生产加工成本低廉、产品附加值高的特点。随着全球生物医用材料市场规模不断扩大，美国强生、英国施乐辉等国外巨头公司均投入巨资开发生物相容性海洋生物医用材料；欧盟的研发团队从海藻中萃取分离出近千种具有抗菌功能的生物化合物分子，以研发抗菌假肢等材料。我国在海洋医用材料方面，手术止血材料如止血愈创纱、组织损伤修复材料如藻酸盐无菌伤口敷料、组织工程材料如胶原蛋白支架、药物运载缓释材料和细胞固定化材料如海藻酸钠缓释微球材料等均取得阶段性研究成果，部分产品已经获得国家医疗器械的生产许可，进入产业化实施阶段。

因海洋生物在日化品领域可表现出很好的抗氧化、抗炎、抗皮肤过敏、抗紫外线吸收及防护等系列功能特性，海洋日化生物制品日益受到关注。从海洋生物中提取活性物质作为化妆品的原料成为一种发展趋势，其中有传统的利用珍珠、牡蛎提取物作为原材料，还有以海藻、鱼类、海洋菌类的提取物为原材料，如纳米骨胶原褐藻萃取物、昆布糖、小球藻萃取物、珊瑚藻萃取物。越来越多的研究机构和制药公司及日化品公司开始从事海洋日化品领域的研发，在不断的研究开发下，以海洋多酚类、海洋多肽类、海洋多糖类、海洋磷脂类、海洋源胶原蛋白类等为代表的海洋天然产物被广泛应用于日化品领域。

受石油短缺、环境污染等问题影响，美国、欧盟、日本等国早已转向利润更高、受资源或环境影响更小的生物基纤维研发利用上。我国在《纺织工业发展规划（2016—2020年）》和《纺织工业"十三五"科技进步纲要》中明确指出：推进海洋生物基纤维产业化。海洋生物基材料是指以海洋生物单体或天然有机高分子为原料生产的纤维，或以可再生海洋生物资源为原料生产的聚乳酸等生物基材料，如壳聚糖纤维、海藻纤维等。以海藻纤维为例，从海藻中提取的海藻多糖为原料，经湿法纺丝制得的海洋生物基纤维，具有环保、抑菌、防辐射等优异性能。

第三节　海洋生物医药与制品产业大数据概览

一、企业数量

截至2022年年底，国内共监测到海洋生物医药与制品产业相关企业2 256家，其中海洋药物近百家，海洋功能食品百余家，海洋生物制品2 000余家。自2016年以来，海洋生物医药与制品产业相关企业数量保持快速增长态势，2016—2022年年均新增企业258家，年均增速达44.7%，产业发展活跃（图3-2）。

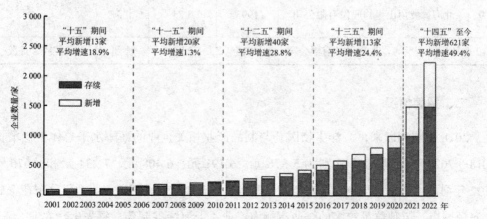

图3-2　2001—2022年海洋生物医药与制品产业企业增长趋势

从企业规模看，海洋生物医药与制品产业注册资本相对较低，注册资本低于5 000万元的企业占比超九成。具体来看，注册资本低于1 000万元的企业占75%，1 000万元~5 000万元的企业占20.3%，5 000万~1亿元的企业占3%，1亿元以上的企业占1.7%。2022年，海洋多糖、海洋酶制剂等领域领先企业宁波希诺亚在深圳卫光生命科学园新注册成立深圳市希诺亚海洋生物科技有限公司，注册资本10亿元（表3-2）。

表3-2 海洋生物医药与制品产业注册资本前10企业

序号	企业名称	成立时间/年	注册资本/亿元	所在城市	相关业务
1	深圳市希诺亚海洋生物科技有限公司	2022	10	深圳	海洋多糖等海洋功能食品
2	烟台东诚药业集团股份有限公司	1998	8.246	烟台	新型骨关节病海洋药物
3	诺贝丰（中国）农业有限公司	2013	7.21	临沂	海藻水溶肥等海洋生物制品
4	山东施诺德农业科技有限公司	2021	6.34	临沂	壳聚糖、海藻酸等肥料
5	厦门金达威集团股份有限公司	1997	6.1	厦门	辅酶Q10
6	漳州片仔癀药业股份有限公司	1999	6.03	漳州	海藻亲肌补水面膜
7	迪沙药业集团有限公司	1997	6.0	威海	羧甲基壳聚糖
8	江苏康缘药业股份有限公司	1996	5.76	连云港	康缘牌康贝胶囊
9	北海国发川山生物股份有限公司	1993	5.24	北海	寡聚糖海洋生物农药
10	诏安县若兰海洋生物科技有限公司	2015	2.90	漳州	卡拉胶、琼胶

二、招聘情况

2018年监测以来，海洋生物医药与制品产业相关企业的薪酬水平总体平稳增长。2018—2022年招聘月薪分别为5 876元、6 191元、6 408元、7 234元和8 676元。2022年海洋生物医药与制品产业招聘月薪同比增长19.9%。招聘企业主要分布在青岛、上海等城市，招聘数量较多的企业有颐海产业、上海绿谷制药、领先生物农业、青岛海大生物、湛江博泰生物、青岛浩大海洋等，详见表3-3。

表3-3　2018—2022年海洋生物医药与制品产业招聘人数前10企业

序号	企业名称	平均薪酬（元）	所在城市	相关业务
1	颐海产业控股有限公司	5 713	青岛	甲壳素
2	上海绿谷制药有限公司	9 407	上海	抗阿尔茨海默病药物 GV-971
3	领先生物农业股份有限公司	5 888	秦皇岛	海藻酸类肥料
4	青岛海大生物集团有限公司	8 754	青岛	海洋生物制品
5	湛江市博泰生物化工科技实业有限公司	9 025	湛江	海洋生物肥料
6	青岛浩大海洋生物科技股份有限公司	7 365	青岛	海洋多糖
7	安发（福建）生物科技有限公司	6 492	宁德	海洋保健品
8	青岛明月海藻集团有限公司	5 702	青岛	海藻生物制品
9	海斯摩尔生物科技有限公司	4 386	泰安	壳聚糖纤维
10	五洲丰农业科技有限公司	5 479	烟台	海藻类增效肥料

三、融资

2018—2022年，海洋生物医药与制品产业共有7家企业发起11次融资。其中，北海国发股份通过定向增发合计融资约2.59亿元；济南极源生物 Pre-A 轮融资数千万元，本轮融资用于打造"蓝宝博士"叶黄素酯南极磷虾油等健康品牌；南宁汉和生物完成 B 轮股权融资并在新三板挂牌，通过定向发行募集补充流动资金；青岛海大生物在2018、2019、2020年分别完成天使轮、Pre-A 轮和 A 轮战略融资，未披露融资金额和融资用途；青岛双鲸药业、青岛明月海藻、山东达因药业各发起1次融资，均未披露融资金额（表3-4）。

表3-4　2018—2022年海洋生物医药与制品产业融资企业

序号	企业	融资轮次	融资金额	所在城市	相关业务
1	北海国发川山生物股份有限公司	定向增发	约2.59亿元	北海	寡聚糖海洋生物农药
2	济南极源生物科技有限公司	Pre-A 轮	数千万元	济南	南极磷虾油

续表

序号	企业	融资轮次	融资金额	所在城市	相关业务
3	南宁汉和生物科技股份有限公司	B轮、新三板	未披露	南宁	海洋农药增效剂
4	青岛海大生物集团股份有限公司	天使轮、Pre-A轮、A轮	未披露	青岛	海洋生物有机肥
5	青岛双鲸药业股份有限公司	战略投资	未披露	青岛	鱼肝油
6	青岛明月海藻集团有限公司	战略投资	未披露	青岛	海藻生物制品
7	山东达因海洋生物制药股份有限公司	股权转让	未披露	威海	复合藻油

四、招投标

监测数据显示，2018年以来我国海洋生物医药与制品产业招标较少。2022年，共监测7家海洋生物医药和制品企业发布的招标项目16项。其中，青岛明月海藻集团招标7次，山东深海生物招标4次，两家企业的招标总量占年度总量的68.8%；山东中腾生物、扬州日兴生物、福建润科生物、青岛海大生物各发起1次招标。

中标市场波动较大，2018—2022年中标数量分别为31项、6项、17项、9项和17项。2022年，共监测7家海洋生物医药与制品企业发布的中标项目17项，中标数量同比增长接近1倍。其中，青岛海大生物中标9次，中标数量约为年度总量的1/2；潍坊信得生物和菏泽腾泽农业各中标2次；青岛明月海藻、青岛海之林生物、上海其胜生物、秦皇岛领先生物各中标1次。

五、专利创新情况

2018—2022年，海洋生物医药与制品产业专利申请数量1 890件，专利授权数量629件。2022年共产出179件授权专利，同比增长27.9%，其中青岛海洋生物医药研究院和山东达因药业专利授权数量居前两位。授权专利主要涉及海洋日化品、海洋生物医用工程材料制造、海洋生物酶、海洋农用生物制品、海洋蛋白等领域。

2018—2022年，海洋生物医药与制品产业发明专利转化数量分别为18件、19件、35件、38件及25件，年均增长8.6%，总体呈现增长趋势。2022年共有11家企业有专利转化，转化数量较多的企业有青岛琛蓝医药、青岛浩大生物等。转化专利主要涉及海洋蛋白、海洋多糖、海洋生物医用工程材料制造、海洋日化品等领域（图3-3）。

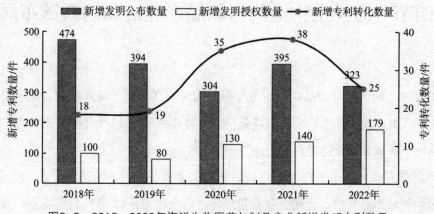

图3-3 2018—2022年海洋生物医药与制品产业新增发明专利数量

六、区域分布

监测数据显示，海洋生物医药与制品企业主要集中在山东、广东、江苏、浙江、福建、海南、上海、辽宁、天津等沿海省份，9个省份企业数量共计1 764家，占企业总量的79.7%。其中山东和广东海洋生物医药与制品企业数量最多，分别为911家和357家，占企业总量的41.2%和16.1%，合计占比过50%。江苏、浙江企业数量占比在4%-6%之间（图3-4）。

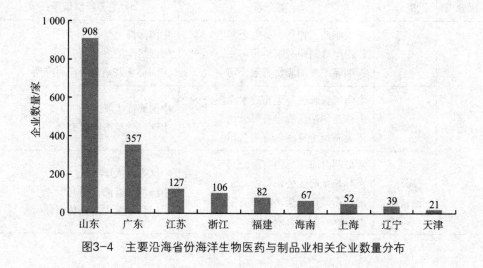

图3-4 主要沿海省份海洋生物医药与制品业相关企业数量分布

第四节 海洋生物医药与制品产业链和创新链布局

根据海洋生物医药与制品业产业分类图，按照海洋药物、海洋功能食品和海洋生物制品 3 个大类以及海洋生物药、海洋蛋白、海洋生物酶等 15 个小类，对海洋生物医药与制品业产业链和创新链进行分析。

在产业链方面，海洋生物医药与制品业有关企业主要分布在青岛、广州、济南、烟台、深圳等城市。其中，青岛企业数量最多，占全国总量的 15%；其次是广州，企业数量占全国总量的 9%；青岛、广州、济南、烟台、深圳 5 个城市企业数量之和占全国总量的 1/3 以上。在创新链方面，海洋生物医药与制品业科研院所主要分布在青岛、广州、厦门、大连、上海、烟台等城市。其中，青岛海洋生物医药与制品业科研院所最为集中，研究范围覆盖海洋生物医药与制品产业全部小类，尤其在海洋生物药、海洋化学药、海洋原料药等领域创新资源优势突出；广州、厦门、大连等城市科研院所重点布局海洋功能食品和海洋生物制品两个大类（表3-5）。

表3-5 海洋生物医药与制品业产业链和创新链全景图

一级分类	二级分类	主要企业	主要科研院所
海洋药物	海洋生物药	正大制药（青岛）有限公司 广西南珠制药有限公司 深圳海王集团股份有限公司	中国海洋大学 中国科学院海洋研究所 中国科学院南海海洋研究所
	海洋化学药	海南惠普森医药生物技术有限公司 山东新华制药股份有限公司 正大制药（青岛）有限公司	中国海洋大学 中国科学院海洋研究所
	海洋原料药	青岛明月海藻集团有限公司 吉林长龙药业公司 烟台东诚药业集团股份有限公司 上海绿谷制药有限公司	中国海洋大学 中国科学院海洋研究所 中国科学院上海药物研究所

续表

一级分类	二级分类	主要企业	主要科研院所
海洋药物	海洋中药	青岛国风药业股份有限公司 广东南国药业有限公司 北京市双桥燕京中药饮片厂 江苏康缘药业股份有限公司 漳州片仔癀药业股份有限公司	青岛海洋生物医药研究院 中国科学院南海海洋研究所 自然资源部第三海洋研究所 江苏海洋大学 广西中医药大学
海洋功能食品	海洋蛋白	长沙协浩吉生物工程有限公司 青岛智信生物科技有限公司 宁波君瑞生物科技有限公司	中国海洋大学 中国科学院烟台海岸带研究所 山东省海洋资源与环境研究院
	海洋脂类	福建天马科技集团股份有限公司 丰益（上海）生物技术研发中心有限公司 上海东海制药股份有限公司 北京蓝丹医药科技有限公司 浙江海力生生物科技股份有限公司 珠海海龙生物科技有限公司	山东大学 中国水产科学研究院南海水产研究所 中国海洋大学 自然资源部第三海洋研究所 浙江海洋大学 江南大学 上海海洋大学
	海洋多糖	青岛浩大海洋保健食品有限公司 嘉兴纽迪康生物科技有限公司 北京素维生物科技有限公司 杭州达西科技有限公司	厦门大学 大连工业大学 中国海洋大学 山东大学 中国科学院大连化学物理研究所
	海洋寡糖	青岛聚大洋藻业集团有限公司 青岛博智汇力生物科技有限公司 青岛海大海糖生物科技有限公司	南京中医药大学 中国水产科学研究院黄海水产研究所 中国海洋大学
	海洋蛋白肽	湖北健肽生物科技有限公司 中食都庆（山东）生物技术有限公司 东阿阿胶股份有限公司 青岛海大生物集团股份有限公司 青岛琛蓝健康产业集团有限公司 福建大众健康生物科技有限公司	中国海洋大学 北京大学 中国科学院海洋研究所 中国科学院南海海洋研究所 大连工业大学
	海洋多酚	青岛明月海藻生物健康科技集团有限公司 青岛海兴源生物科技有限公司	青岛海洋生物医药研究院 中国科学院海洋研究所

续表

一级分类	二级分类	主要企业	主要科研院所
海洋生物制品	海洋生物酶	福建福大百特科技发展有限公司 宁波希诺亚海洋生物科技有限公司 青岛蔚蓝生物股份有限公司 青岛海大生物集团有限公司 厦门金达威集团股份有限公司	中国水产科学研究院黄海水产研究所 中国科学院微生物研究所 中国海洋大学 山东大学 江苏海洋大学
	海洋农用生物制品	好当家集团有限公司 上海泽元海洋生物技术有限公司 海南正业中农高科股份有限公司 大连凯飞化学股份有限公司 青岛明月海藻集团有限公司 东阳联丰生物技术有限公司 青岛海大生物集团有限公司	中国科学院海洋研究所 中国科学院大连化学物理研究所 中国海洋大学 厦门大学 山东农业大学 自然资源部第三海洋研究所 中国科学院大连化学物理研究所 中国农科院饲料所
	海洋生物医用工程材料制造	青岛明月生物医用材料有限公司 青岛博益特生物材料股份有限公司 威海迪沙药业集团	中国科学院深圳先进技术研究院 生物医药与技术研究所 山东大学 中国海洋大学
	海洋日化品	佛山市安安美容保健品有限公司 海之源集团青岛海洋丽姿化妆品有限公司 北京联拓创想科技发展有限公司 北海市海颜坊化妆品有限公司 伽蓝（集团）股份有限公司	青岛大学 中国科学院南海海洋研究所 中国水产科学研究院黄海水产研究所 中国海洋大学
	海洋生物基材料	山东华兴纺织集团有限公司 苏州恒光化纤有限公司 海斯摩尔生物科技有限公司 青岛即发集团股份有限公司	青岛大学 中国科学院宁波材料所 浙江理工大学 武汉大学 中国科学院青岛生物能源与过程研究所

一、重点企业画像

从海洋生物医药与制品业产业链和创新链全景图中挑选出 11 家代表性企业，这些企业的研发生产领域可以覆盖海洋生物医药与制品业所有二级分类，同时企业所在地较为分散，能够体现出海洋生物医药与制品业企业分布的地域特色。表 3-6—表 3-16 为青岛海洋生物医药研究院、正大制药（青岛）有限公司、上海绿谷制药有限公司、烟台东诚药业集团股份有限公司、青岛海洋食品营养与健康创新研究院、青岛海大生物集团股份有限公司、青岛聚大洋藻业集团有限公司、深圳华大海洋科技有限公司、青岛明月海藻集团有限公司、青岛博益特生物材料股份有限公司、佛山市安安美容保健品有限公司 11 家重点企业的研发方向、研发人员、研发平台、专利布局等情况。

表 3-6　青岛海洋生物医药研究院基本情况

机构名称	青岛海洋生物医药研究院
隶属关系	中国海洋大学
基本信息	于 2013 年 7 月注册创立，2014 年 7 月正式运行，位于青岛。由中国海洋大学在国家海洋药物工程技术研究中心和海大医药学院的基础上创办。创始人是我国著名的海洋药物学家、中国现代海洋药物研究的开拓者与奠基人之一、中国工程院院士管华诗先生。形成了以"科技研发"为核心、"技术服务和工程、产业化开发"两翼互动发展的格局
研发方向	海洋生物医药领域的科学研究；新材料、新资源、功能制品、生物技术、医疗器械的研发；科技开发主导下的各种技术转让、咨询与服务
研发人员	现有在职员工 150 余人。其中中国工程院院士 3 人，美国工程院院士 1 人，教育部长江学者特聘专家 1 人，国家"千人计划"特聘专家 2 人，国家自然科学杰出青年基金 2 人、优青基金 4 人，泰山学者 4 人，教授级高层次专家和高级专业技术人员 30 余人，研发人员中具有博士或硕士学位的占 98% 以上
研发平台	海洋创新药物筛选与评价平台、青岛市海洋药物公共研发平台、国家海洋技术转移中心"海洋生物 / 海洋医药"分中心、山东省海洋生物医药研发公共服务平台、山东省海洋药物制造业创新中心、山东省海洋药物技术创新中心
专利布局	拥有海洋医药配置品、抗肿瘤药、营养制品等方面专利 300 余项，其中授权发明 101 项，PCT 专利申请 12 项，国外授权 3 项。包括：一种海洋生物材料复合水凝胶敷料及其制备方法；一种双期发酵生产海藻酵素的方法；一种古糖酯及其制备方法和应用；一种含有海洋深层水的保健饮用液及其制备方法；一种用于调节人体肠道菌群的海洋益生元组合物的应用；一株高效产酶的枯草芽孢菌株 LC1-1 及其产酶方法和应用；一种褐藻酸硫酸酯制剂

表 3-7　正大制药（青岛）有限公司基本情况

企业名称	正大制药（青岛）有限公司
企业类型	技术创新示范企业，国家级企业技术中心，国家重点高新技术企业，国家生物产业基地中的龙头企业
基本信息	是中国首家海洋药物生产企业，成立于 1994 年，于 2018 年 7 月在青岛西海岸新区中德生态园内建设新的厂址，占地约 230 亩。拥有一流的厂房设施和源自世界一线品牌的先进生产、检验设备，采用国际先进的工业软件系统，实现了生产全过程智能监控和管理。正大制药青岛研发中心面积 9 052 m²，包括合成研究室、制剂研究室、中试车间和质量检测中心，采用具有国际先进水平的检测设备，并根据公司研发需求定期更新、采购设备，具备较完善的研究、开发、试验和试制条件，拥有较强的研发能力、较完善的技术装备、标准化的检测能力和职业资格操作人员
研发方向	产品分为海洋药物、中药、化学药和保健食品四大门类，涉及心脑血管、消化系统、骨质疏松、糖尿病、营养保健等多个领域，共 60 余个品种 80 多种规格。在全世界公认的 16 个海洋药物中，公司拥有全世界第 5 个、中国第 1 个，即藻酸双酯钠及其系列产品。青岛正大制药和青岛海洋生物医药研究院、中国海洋大学联合研发的免疫抗肿瘤创新药 BG136 的临床试验已在 2020 年年底申请获得 NMPA 受理。上市后它将成为世界第 16 个、中国第 6 个海洋药物
研发人员	依托公司现有创新研发平台，通过建设院士专家工作站、博士后工作站、联合实验室等形式，实施人才创新战略，将外部优秀的科研人才有效地纳入公司的研发团队中，以发展壮大企业创新人才库
研发平台	国家级海洋药物中试基地、国家级企业技术中心、山东省骨代谢疾病防治药物工程研究中心、青岛市海洋创新药物工程研究中心、青岛市骨代谢疾病防治药物技术创新中心、青岛化药制药工程技术研究中心、青岛市化学创新药研制场景应用实验室、青岛市一企一技术研发中心、青岛市骨代谢疾病防治药物专家工作站及青岛市博士后创新实践基地
专利布局	拥有海洋药物研发，以海洋生物和海洋微生物为药源、海洋活性物质的分离、提取及合成等方面专利 183 余项，其中授权发明 17 项，包括：一种艾地骨化醇软胶囊；一种氟骨化醇片剂及其制备方法；一种总盐酸可乐定缓释片；一种 β- 葡萄糖组合物及其用途

表 3-8　上海绿谷制药有限公司基本情况

企业名称	上海绿谷制药有限公司
企业类型	国家级企业技术中心、国家重点高新技术企业、国家生物产业基地中的龙头企业

续表

基本信息	由上海绿谷集团与中国科学院上海药物所共同组建,于1996年成立,位于上海市,是一家以从事医药制造业为主,集科研、生产、销售为一体的中医药企业。公司坐落于上海张江高科技园区,占地25 000平方米,标准厂房建筑面积20 000平方米,总投资1.2亿元人民币,注册资金5 000万人民币。拥有通过GMP认证的胶囊剂、颗粒剂、片剂、冻干粉针剂车间,设计年生产能力为胶囊剂30 000万粒、颗粒剂9 000万包、片剂45 000万片、粉针剂800万瓶,并具有1 500万支(10 mL)、2 500万支(2 mL)水针剂的年生产能力
研发方向	海洋生物医药与制品研发生产、糖药物以及神经精神类疾病、恶性肿瘤、心脑血管疾病、代谢性疾病以及自身免疫性疾病等四大疾病的治疗。研发生产用于治疗轻度至中度阿尔茨海默病,改善患者认知功能的国产治疗创新药甘露特纳胶囊(GV-971)。
研发人员	绿谷研究院拥有一支以院士领衔、"杰出青年""百人计划"、海外归国学者为核心精英骨干的、300多名硕博以上研发人才支撑的人才研发团队,重点打造大脑疾病药物研发平台和抗肿瘤药物研发平台
研发平台	糖药物工程中心、院士专家工作站、省级糖药物重点实验室
专利布局	拥有阿尔茨海默病治疗、糖尿病治疗、心血管系统疾病治疗专利260多项,其中授权发明55项,包括:一种延缓衰老的复方石斛提取物组合物;一种植物提取物的动态循环提取方法及其用途;单身多酚盐酸及其制备方法和用途;褐藻胶寡糖二酸的组合物;甘露糖醛二酸的组合物在治疗帕金森氏症中的应用

表3-9 烟台东诚药业集团股份有限公司基本情况

企业名称	烟台东诚药业集团股份有限公司
企业类型	高新技术企业、专精特新企业
基本信息	前身为烟台东诚生化股份有限公司,成立于1998年,2012年5月在深交所上市(股票代码002675)。历经20余年的发展,东诚药业现已成为一家覆盖生化原料药、制剂、核药、大健康四大领域,融药品研发、生产、销售于一体的大型制药企业集团。集团控股烟台东诚北方制药有限公司等50多家子公司。东诚药业作为国内生化原料药生产企业,核心产品为肝素钠及硫酸软骨,制剂产品覆盖心血管、抗肿瘤、泌尿、骨科等治疗领域
研发方向	海洋药物〔硫酸软骨素原料药(鱼来源)、新型骨关节病多糖药物(鱼来源)、新型抗病毒多糖药物(鱼来源)、新型抗癌多糖药物(贝类来源)〕、生化原料药、制剂、核药,其中制剂产品覆盖心血管、抗肿瘤、泌尿、骨科等治疗领域
研发人员	引进泰山学者、"973"科学家等高素质人才,目前集团拥有员工2 000余人

研发平台	天然多糖复杂药物研发平台、寡糖药物合成研发平台、放射药物精准诊疗研发平台
专利布局	拥有多糖类的制备、医药配置品、肽的一般制备方法等方面专利 80 余项,其中授权发明 21 项,包括:一种鱼鳞胶原蛋白生产工艺;一种低分子硫酸软骨素的制备方法;一种舒洛地特组分精细结构分析检测方法;一种类肝素的制备方法

表 3-10 青岛海洋食品营养与健康创新研究院基本情况

企业名称	青岛海洋食品营养与健康创新研究院
企业类型	是中国海洋大学与青岛市城阳区人民政府共同创立,具有独立法人资质的海洋生物、海洋食品协同创新平台
基本信息	主要依托中国海洋大学食品、水产等优势学科领域,面向食品、水产品加工和海洋生物资源等重大问题,促进科技成果转化,引导产业转型发展,打造集前沿技术研发转化、人才聚集培育、地方优势产业育成和科技创新服务为一体的国际一流产业研究机构。目前研究院现已建成包括 10 余个功能实验室、3 000 m^2 中试车间、3 000 m^2 企业联合创新空间等为一体的科研创新基地。自成立以来,研究院院长薛长湖教授以第一完成人身份获 2020 年国家科技进步二等奖一项。研究院已成功孵化引进 5 家科技型企业落户研究院平台,其销售年产值 5 000 万元以上。已为 20 余家青岛本地企业提供科技服务,与合作企业研发 50 余款产品,已有 20 余款产品上市销售,协助企业建成产业化示范先进生产线 4 条。2021 年研究院与中国水产有限公司、新南威尔士(中国)研究院成立联合研发实验室
研发方向	主要研究方向为海洋主食、即食营养食品、特色调味品、功能食品、健康食品、海洋抗生素、海洋饲料、海洋肥料等
研发人员	拥有一支由管华诗院士、麦康森院士、孙宝国院士等 8 位院士领衔的高层次人才研发团队
研发平台	研究院先后被列为"山东省科技成果转化中试基地""山东省未来海洋食品工程技术协同创新中心""山东省新型研发机构""青岛市技术创新中心""青岛市新型研发机构",并被列入青岛市"十四五"科技创新规划
专利布局	目前拥有中国海洋大学食品学院 230 余项专利的转化委托,其中授权的国家发明专利 108 项,已公开发明专利 124 项。另外,自 2019 年 6 月研究院成立以来,已申请国家发明专利 20 项,目前正在系统化开发的应用技术项目 20 余项

表 3-11 青岛海大生物集团股份有限公司基本情况

企业名称	青岛海大生物集团股份有限公司
企业类型	高新技术企业;制造业单项冠军企业;专精特新小巨人企业;专精特新中小企业;瞪羚企业

续表

基本信息	成立于 2000 年，位于青岛，注册资本 1.18 亿元。专注于海洋生物产业领域，已形成新型海洋生物肥料、功能型海洋生物制品、海洋环境保护服务、海洋健康食品供应链 4 个业务板块。公司现拥有 4 个生产基地：胶州生产基地、乳山温喜生产基地、荣成人太生产基地、青岛高新区海洋生物制品产业基地，布局在胶东半岛经济圈的产业基地总占地面积 52 万平方米
研发方向	拥有绿藻科学处置及资源化利用技术、双海藻酶酵耦合提取及定向修饰技术、壳寡糖靶向酶解制备技术、鱼蛋白活性肽酶解制备技术、聚谷氨酸高密度发酵技术等 5 项核心技术。主要产品：海状元 818 系列海藻肥产品、温喜鱼蛋白系列海洋生物肥料、海洋生物源肥料增效剂、"澳洛珈"海藻精、双藻源生物免疫调节剂等
研发人员	拥有一支近百人的科技研发队伍，95% 以上人员为硕士及以上学历，其中博士 10 人。每年研发经费投入达数亿元
研发平台	国家级绿藻研究及应用技术中心、山东省企业技术中心、山东省省级示范工程技术研究中心、山东省博士后创新实践基地、山东省海藻生物肥料工程研究中心
专利布局	拥有甲壳低聚糖、绿藻多糖等方面的专利 78 件，其中实用新型 1 件、发明申请 34 项、授权发明 43 件。重点授权发明专利：甲壳低聚糖锌硼镁肥的制备方法、一种多糖用作农药悬浮助剂的制备工艺、一种浒苔膳食纤维的制备方法

表 3-12　青岛聚大洋藻业集团有限公司基本情况

企业名称	青岛聚大洋藻业集团有限公司
企业类型	国家高新技术企业，山东省专精特新中小企业、青岛市专精特新中小企业
基本信息	地处青岛市西海岸新区，于 2000 年 8 月成立，是集海藻养殖、综合加工、综合利用为一体的全产业链式海洋生物医药跨国集团。以海藻为主要原料生产褐藻胶等海洋生物系列产品，产品畅销国内外。全力实施"两园一基地"建设，其中，工业园被中国藻业协会认定为"首家海藻综合加工园区"，已建成的海洋生物医药科技园（一期）是山东省重大项目。灵山湾海域已形成国家级海洋牧场示范基地。企业正实现由食品级向海洋生物医药级的高端升级，目前企业综合实力已跃居世界同行业前列
研发方向	以海藻为主要原料生产褐藻胶、卡拉胶、琼胶、海藻多糖药用空心胶囊、药用辅料、海藻寡糖、海藻纤维、海藻食品、海藻动植物营养素等海洋生物系列产品
研发人员	公司现有员工 600 名

续表

研发平台	国家认定企业技术中心、国家海藻工业加工技术研发中心、国家级海藻综合加工技术中心、国家技术创新示范企业、国家级海洋牧场示范区、山东省院士工作站、山东省工程研究中心、山东省博士后创新实践基地、山东省新旧动能转换行业（专项）公共实训基地
专利布局	公司申请专利 62 项，其中 43 项已授权。通过了 9 个国内商标、马德里 26 个国家国际商标及美国 FDA 产品的注册

表 3-13　深圳华大海洋科技有限公司基本情况

企业名称	深圳华大海洋科技有限公司
企业类型	国家高新技术企业
基本信息	成立于 2012 年 9 月，是产学研用一体化综合发展的科技型集团公司。依托国际领先的海洋基因组学研究优势，建立了海洋生物信息与大数据平台（组学研究）、种源经济平台（育种与种业）、海洋药物研发及成果转化平台、海洋精准营养食品研发与品牌营销平台、海洋工程设施平台等五大平台体系。全球布局十余家分子公司，分布在我国辽宁、广东、海南、江苏、上海、香港，老挝、澳大利亚等地，致力于提供海洋生物经济核心解决方案，引领国际海洋科技发展。自成立以来，以"基因科技助力海洋生物经济发展"为目标和使命，以基因科技调控遗传性状和调节活性蛋白为基础，对水生生物进行遗传育种与生物活性蛋白研究，聚焦生命健康，进行水产品、海洋功能食品与药品开发，从海洋生物独特的活性物质出发，加大海洋食品功能因子构效关系研究，为消费者针对性地开发有益生命健康的功能性食品
研发方向	对水生生物进行遗传育种与生物活性蛋白研究，水产品、海洋功能食品与药品开发，海洋食品功能因子构效关系研究
研发人员	员工 100 余人，包含俄罗斯自然科学院外籍院士等领衔的核心研发团队
研发平台	农业基因组学国家重点实验室、农业部长江水生生物基因保存中心、中国水产科学院华大鱼类基因组学研究中心、深圳市重点实验室等
专利布局	申请专利 103 项，发明授权专利 21 项，发明申请专利 48 项，如脱氢苯基阿夕斯丁类化合物的多晶型及其制备纯化方法和应用

表 3-14　青岛明月海藻集团有限公司基本情况

企业名称	青岛明月海藻集团有限公司
企业类型	高新技术企业、国家"863"计划成果产业化基地、国家海洋科研中心产业化示范基地、国家创新型企业、国家制造业单项冠军示范企业、国家产教融合型企业、国家级创新型试点企业、全国大型农产品流通加工企业、全国农产品加工业示范企业、技术创新示范企业

续表

基本信息	是一家从事海藻加工、糖醇生产以及热电联产的综合性高新技术企业。始建于1968年，是中国成立较早的海藻加工企业之一。以海藻和葡萄糖为主要原料，生产海洋化工、海洋药物、海洋化妆品、海洋食品和保健品、海洋饲料、海洋肥料、糖醇等纯天然、绿色、环保型高科技产品，共六大系列100多个品种，主要产品有海藻酸盐、甘露醇、海藻酸丙二醇酯（PGA）、山梨醇、海藻酸、碘、海藻肥、海藻饲料等。主导产品海藻酸盐国内市场占有率在30%以上，国际市场占有率在20%以上，产品畅销全国各地，并远销欧美、日本、韩国、东南亚等80多个国家和地区。先后通过了ISO9001：2000、ISO14001、HACCP、GMP、国际犹太KOSHER认证、国际清真HALAL认证等一系列与国际接轨的管理体系认证。"明月"牌海藻酸钠、甘露醇被评为"山东省名牌产品"，"明月"商标被认定为"中国驰名商标"。公司生产规模、产值、经济实力等在国内同行业中均居首位，海藻酸盐生产规模位居世界第一，是国内海藻加工行业的龙头企业
研发方向	明月海藻集团专注于从事海藻酸盐、海洋生物、生物材料、海洋化妆品、功能糖醇、功能性配料六大产业的研发与生产。生产海藻酸盐、甘露醇、山梨醇、岩藻多糖、海藻多酚、海藻生物酶制剂和其他用于食品、饮料等行业的专业原料，同时也开拓了海洋功能保健品、海洋化妆品、海洋生物医用材料、海洋生物肥料等产业版块
研发人员	员工人数1 000人以上，研发人员100人以上，拥有经验丰富的海藻加工专家，共有各类工程技术人员650多人，高级工程师85人，工程师260人。享受国务院政府特殊津贴1名，青岛市专业优秀拔尖人才14名，博士学位5名，研究生30名
研发平台	海藻活性物质国家重点实验室、农业农村部海藻类肥料重点实验室、国家地方工程研究中心、博士后科研工作站等高层次科研平台
专利布局	拥有多糖类的制备、营养制品制备或处理、食品的制备或处理等方面专利100余项，其中授权发明47项，包括：一种海藻有机肥的制备方法；一种活性海藻提取物的制备方法；一种海藻酸钙的制备方法；一种含有海藻浸液的海藻菌肥及其制备方法；一种用于快速制备水凝胶的海藻酸盐的制备方法

表3-15　青岛博益特生物材料股份有限公司基本情况

企业名称	青岛博益特生物材料股份有限公司
企业类型	高新技术企业；科技型中小企业
基本信息	成立于2006年，位于山东省青岛市，是专门从事海洋生物医用材料研发、生产和销售的国家高新技术企业，以海洋生物医用材料为主导，重点发展止血材料、创伤修复材料、眼科植入材料和组织工程支架材料。公司具有三类医疗器械生产许可资质，公司建有GMP生产车间12 000平方米，质量管理体系通过ISO13485、ISO 9001、EN ISO13485（欧盟）认证，是青岛市医疗器械生产监管实践基地

续表

研发方向	以功能性海洋生物多糖——壳聚糖为研究主导,重点发展可吸收手术止血材料、创伤止血材料、组织修复材料和组织工程支架材料;产品全面覆盖高值耗材类、心血管类等健康护理领域
研发人员	公司拥有一支由国内外知名的医用生物材料专家、海洋生物技术专家、临床医学专家、企业家以及博士硕士研究生组成的科研管理团队,拥有博士、硕士研究生近30人
研发平台	山东省壳聚糖基海洋生物医用材料工程技术协同创新中心、青岛市壳聚糖基海洋生物医用材料制造技术创新中心、青岛市海洋生物医用材料工程研究中心、国家生物医学材料工程技术研究中心海洋生物医用材料联合创新研究基地、青岛市企业博士后科研工作站、青岛市海洋生物医用材料专家工作站
专利布局	拥有医药配置品、生物材料制品等方面专利70余项,其中授权发明12项,包括:一种医用创面止血愈创剂及其应用;一种医用壳聚糖敷料及其应用;一种多糖人工血管及其制备方法和应用

表 3-16　佛山市安安美容保健品有限公司基本情况

企业名称	佛山市安安美容保健品有限公司
企业类型	高新技术企业;创新型中小企业
基本信息	成立于1985年,具有30多年发展历程,是一家专业日化生产厂商。是中国科学院南海海洋研究所海洋生物化妆品产学研基地和产业化示范基地,是国际医学美容协会(中国香港)在国内的首家会员企业。长期致力于日化高新科研技术的开发和运用,多项科研成果获得国家技术专利及广东省"高新技术产品"认定。公司与中国科学院南海海洋研究所共同研制开发的"一种含有海洋贝类活性肽的化妆品及其制备方法和应用"的技术专利,荣获"中国专利优秀奖""广东专利金奖"
研发方向	海洋生物化妆品、优质护肤洁肤洗沐产品。现主要有安安金纯橄榄油系列、203040专业美颜系列、安安金纯鲜芦荟洗护系列、天顺、亲的道、护儿坊、溢爽、溢肤等知名化妆品品牌
研发人员	拥有一支以中国工程院院士为核心的专家研发团队
研发平台	中国科学院南海海洋研究所海洋生物化妆品产学研基地和产业化示范基地、工程技术研发中心、院士工作站
专利布局	拥有海洋生物化妆品、身体护理制剂、肽或蛋白质的制备等方面专利50余项,其中授权发明专利10项,包括:一种用于细致毛孔的海洋生物功能化妆品;一种含有海洋生物活性物质的全效防晒乳液;一种含有海洋贝类活性肽的化妆品及其制备方法和应用;一种用于护理眼周皮肤的海洋生物功能化妆品

二、重点科研院所画像

从海洋生物医药与制品业产业链和创新链全景图中挑选出 5 家代表性科研院所，这些机构的研发领域基本覆盖海洋生物医药与制品业所有二级分类，同时具有较强的海洋属性。表 3-17—表 3-21 为中国海洋大学、中国科学院海洋研究所、中国科学院南海海洋研究所、自然资源部第三海洋研究所、江苏海洋大学 5 家重点高校院所的研发方向、研发人员、研发平台、专利布局等情况。

表 3-17　中国海洋大学基本情况

机构名称	中国海洋大学
隶属关系	教育部
基本信息	中国海洋大学是一所海洋和水产学科特色显著、学科门类齐全的教育部直属重点综合性大学，是国家"985 工程"和"211 工程"重点建设的高校，2017 年入选国家"世界一流大学建设高校（A 类）"。中国海洋大学医药学院是我国高校较早从事海洋药物研究与开发的教学科研单位之一，其前身为我国著名海洋药物学家、中国现代海洋药物研究的开拓者与奠基人、中国工程院院士管华诗先生于 1980 年组建的山东海洋学院水产系海洋药物研究室。学院设有一个药学本科专业，是山东省品牌专业和教育部高等学校特色专业。拥有药学一级学科博士学位和硕士学位授权点、生物与医药工程博士学位授权点、药学博士后流动站、药学硕士专业学位授权点、制药工程硕士专业学位授权点，形成了从学士、硕士、博士到博士后完整的药学人才培养体系。药学学科是国家"211 工程""985 工程""双一流"重点建设学科之一
研发方向	海洋药物的应用基础及开发研究、海洋活性寡糖制备、海洋中药资源研究、海洋生物活性物质研究等
研发人员	海洋药物教育部重点实验室 70 人；山东省糖科学与糖工程重点实验室 71 人；医药学院专任教师 70 人，教授 45 人，副教授 20 人；其他研发人员若干
研发平台	中国海洋大学海洋药物教育部重点实验室、中国海洋大学医药学院、中国海洋大学山东省糖科学与糖工程重点实验室、中国海洋大学国家海洋药物工程技术研究中心
专利布局	发明专利 313 项，包括一种葡聚糖在制备药物的应用等国内专利 299 项，国际专利 14 项

表 3-18　中国科学院海洋研究所基本情况

机构名称	中国科学院海洋研究所
隶属关系	中国科学院

续表

基本信息	始建于 1950 年 8 月 1 日，是我国第一个专门从事海洋科学研究的国立机构。研究所拥有实验海洋生物学、海洋生态与环境科学、海洋环流与波动、海洋地质与环境、海洋环境腐蚀与生物污损 5 个中科院重点实验室以及海洋生物分类与系统演化实验室、深海研究中心，建有国家海洋腐蚀防护工程技术研究中心、海洋生态养殖技术国家地方联合工程实验室、海洋生物制品开发技术国家地方联合工程实验室 3 个国家级科研平台，牵头组建青岛海洋科学与技术试点国家实验室的海洋生物学与生物技术、海洋生态与环境科学 2 个功能实验室，设有海洋科学大数据中心、海洋观测网络管理中心、中科院海洋生物标本馆等 7 个研究支撑单元。中国科学院实验海洋生物学重点实验室成立于 1987 年，由著名藻类学家曾呈奎院士等一批享誉国内外海洋生物学领域的专家创建，是我国海洋生物技术与开发的重要基地。海洋生物制品开发技术国家地方联合工程研究中心主要针对海洋生物资源合理开发和高值化利用技术的迫切需求，建设海洋药物与医用材料、绿色农用海洋生物制品、海洋食品与安全控制技术、海洋生物能源利用等方面技术创新体系，建立海洋生物资源高值化利用技术集成创新平台
研发方向	海洋生物制品研究与开发
研发人员	目前有在编职工 700 余人，其中专业技术人员 650 余人，两院院士 3 人，博、硕士生导师 170 余人，在读研究生 500 余人，在站博士后 120 余人
研发平台	海洋生物制品开发技术国家地方联合工程研究中心、实验海洋生物学重点实验室
专利布局	相关专利 63 项，如一种单组分低过氧化氢浓度可见光催化牙齿美白凝胶及制备和应用

表 3–19 中国科学院南海海洋研究所基本情况

机构名称	中国科学院南海海洋研究所
隶属关系	中国科学院
基本信息	成立于 1959 年 1 月，是国立综合性海洋研究机构。设有热带海洋环境国家重点实验室、中国科学院热带海洋生物资源与生态重点实验室、中国科学院应用海洋学实验室、中国科学院海洋微生物研究中心、中科院岛礁综合性研究中心、中国科学院中－斯里兰卡联合科教中心（海外基地）以及广东省海洋药物重点实验室、广东省应用海洋生物学重点实验室、海南省热带海洋生物技术重点实验室与海洋环境工程中心等。有"实验 1""实验 2""实验 3""实验 6"4 艘大型海洋科学考察船和一个淡水码头。拥有仪器设备公共服务中心、海洋环境检测中心、南海海洋生物标本馆和海洋信息服务中心。获科技部批准建设中－斯里兰卡热带海洋环境"一带一路"联合实验室。60 多年来，南海海洋所共取得科研成果近 800 项，获国家、中科院、部委和省市级成果奖 260 项，相关科技创新团队荣获中共中央授予的"模范集体"称号（2018 年）；与 40 多个国家和地区建立了学术联系与合作。是中科院及全国海洋科研机构首家获得 ISO9001 质量体系认证的科研单位

续表

研发方向	面向南海海域，主要开展具有特异功效的海洋药物先导化合物研究、海洋药物有效成分研究、海洋药物创新新药研制与开发、海洋药物资源调查和名贵海洋药用生物养殖等研究工作
研发人员	现有正高级人员 115 人，研究生导师 183 人。拥有院士 3 人，"973" 计划或国家重点研发任务项目首席科学家 20 人，国家杰出青年科学基金获得者 13 人，中科院特聘研究岗位 72 人
研发平台	广东省海洋药物重点实验室、广东省应用海洋生物学重点实验室、海南省热带海洋生物技术重点实验室与海洋环境工程中心等
专利布局	相关专利 535 项，其中发明申请 304 项，发明授权 228 项。重点专利：一种高效热稳定的核糖核酸酶 SiRe_0917 及其编码基因和应用、一种海洋抗菌促愈肽及其在制备创伤感染防治产品中的应用、一种海洋抗菌促愈肽及其在制备创伤感染防治产品中的应用等

表 3–20 自然资源部第三海洋研究所基本情况

机构名称	自然资源部第三海洋研究所
隶属关系	自然资源部
基本信息	创建于 1959 年，是自然资源部直属的国家公益性综合型海洋科学研究机构，主要从事海洋基础研究、应用研究和高新技术研究，促进海洋科技进步，为海洋管理、公益服务、海洋经济发展及海洋安全提供科技支撑
研发方向	重点发展深海生物研究与海洋生物资源开发利用、全球变化与区域海洋响应、海洋生物多样性与生态系统保护、应用海洋学 4 个学科领域 12 个研究方向
研发人员	在编职工 427 人，其中有中国工程院院士 1 人，享受政府特殊津贴专家 3 人，国家"百千万人才工程" 2 人，国家优秀青年科学基金获得者 1 人，自然资源部高层次科技创新人才工程 11 人，福建省特级后备人才 1 人，福建省"百千万人才工程" 4 人，福建省杰青 6 人，厦门市拔尖人才 5 人，具有副高级职称以上科技人员 249 余人，具有博士学位人员 193 人
研发平台	自然资源部海洋生物遗传资源重点实验室、海洋生物资源开发利用工程技术创新中心
专利布局	近 5 年获得专利 170 多项。重点专利：高纯氨基葡萄糖硫酸盐骨关节炎治疗药用原料的生产技术、蛋白和肽类产品中试制备技术服务、海藻源菌肥、具有吸附 – 过滤功能的超薄壳聚糖复合纳滤膜等

表 3–21 江苏海洋大学基本情况

机构名称	江苏海洋大学
隶属关系	江苏省教育厅

基本信息	前身是 1985 年创办的淮海大学（筹），1989 年教育部批复为淮海工学院。2019 年 6 月，更名为江苏海洋大学。位于连云港市，设有 20 个学院，开设 70 个本科专业，覆盖工学、理学、管理学、文学、农学、法学、经济学、艺术学、教育学和医学等 10 个学科门类。海洋食品与生物工程学院源于 1985 年学校创立之初设立的食品工程系，2016 年更名为海洋生命与水产学院（食品科学与工程学院）。2020 年 3 月食品科学与工程学院独立设置，2023 年 4 月更名为海洋食品与生物工程学院。学院现有 3 个本科专业：食品科学与工程、生物工程和动植物检疫。其中，食品科学与工程专业 2021 年通过工程教育专业认证，2022 年入选国家一流本科专业建设点，2023 年入选江苏省产教融合品牌专业。拥有 3 个硕士学位授权点：食品加工与安全、食品工程、生物技术与工程。设有食品工程系、生物工程系和 1 个实验中心
研发方向	海洋食品工程、特色农产品加工、食品营养与安全
研发人员	学院现有教职工 53 人，其中专任教师 40 人。专任教师中，正高专业技术职务 8 人，副高专业技术职务 13 人，博士 30 人，硕士生导师 25 人。全国"五一劳动奖章"获得者 1 名，学科团队被评为江苏省劳模工作室，江苏省"333 工程"培养对象 3 人、"青蓝工程"培养对象 5 人、"六大人才高峰"培养对象 4 人，连云港市"521"人才工程培养对象 12 人。10 多名教师先后赴美国、加拿大、英国、德国、新西兰等国家进行访问学者的研究或攻读学位，师资国际化率达 35.2%
研发平台	江苏省海洋资源开发研究院、江苏省海洋生物资源与环境重点实验室、江苏省海洋生物技术重点实验室、江苏省海洋生物资源利用与质量安全控制工程中心、连云港市海洋生物技术工程研究中心、江苏省沿海特色水产加工研究开发中心
专利布局	公开专利 173 项，主要为海洋食品类专利，如一种改善日本囊对虾生长性能和肌肉品质的配方饲料

第四章

海洋工程装备产业创新与产业全景图谱

依据《海洋及相关产业分类》（GB/T 20794-2021），海洋工程装备制造业指人类开发、利用和保护海洋活动中使用的工程装备和辅助装备的制造活动，包括海洋矿产资源勘探开发装备、海洋油气资源勘探开发装备、海洋风能与可再生能源开发利用装备、海水淡化与综合利用装备、海洋生物资源利用装备、海洋信息装备、海洋工程通用装备等海洋工程装备的制造及修理活动。本章节主要讨论应用于海洋油气资源的勘探开发装备。

第一节 海洋工程装备产业发展综述

一、发展现状及趋势

2022 年全球海洋工程装备市场出现修复性反弹。克拉克森（Clarkesontrack）数据显示，2022 年全球共成交海工装备 137 艘，同比下降 14%；成交金额 250 亿美元，同比增长 68%。其中，中国（68 艘、约 150 亿美元）、新加坡（12 艘、约 40 亿美元）、韩国（5 艘、约 32 亿美元）、欧洲（19 艘、约 11 亿美元）成交数量和金额位居前列。从成交装备类型看，以 FPSO 为代表的生产储运装备成交 23 座 / 艘、金额约 165 亿美元，金额占比高达 67%，成为支撑海工市场复苏的中坚力量。建造施工装备成交数量 94 座 / 艘、78 亿美元，金额占比 32%，其中以海上风电工程施工船舶为主，包括海上风电安装船、起重船、铺缆船等。移动钻井平台新造市场无成交，海洋调查装备与海工支持船成交约 20 艘，金额占比 2%。

国内海洋工程装备行业保持增长。国内在中国海油油气增储上产"七年行动计划"等推动下，持续在渤海、南海等海域启动油气开发项目，形成了较大规模的工程建设需求，推动海洋工程装备行业保持增长。据中国船舶工业协会初步统计，2022 年海工装备制造企业营收达到 740 亿元，2023 年预计达 808 亿元。2022 年，海洋石油工程公司为代表的海洋工程装备制造企业，成功交付 300 米级水深超大型导管架平台，自主设计建造的亚洲首艘圆筒型 FPSO 在青岛正式开工，国内首个深远海浮式风电平台——"海油观澜号"完成主体工程建设，加快推进北美壳牌 LNG 模块建造、企鹅 FPSO、巴油 P79 深水 FPSO 等海外项目，新承揽陵水 25-1 气田开发、渤中 19-6 凝析气田开发、垦利区块开发等工程项目。

我国海洋工程装备制造进入智能化、绿色化发展阶段。我国海洋工程装备制造业从 20 世纪 60 年代发展至今，主要经历了 4 个阶段：1966—1989 年处于起步阶段，相继建成钢结构导管架、自升式钻井平台、双浮体钻井船等设备；1990—1999 年为初步发展阶段，受全球海洋工程装备制造业低迷的影响，国内海洋工程装备市场发展缓慢，海工装备产品类型相对单一，主要为浅水油气开发设备；2000—2015 年为快速发展期，在战略性新兴产业等政策推动下，国内高端产品开始起步，部分高端产品设计制造能力达到国际一流水平，进一步缩小与欧美的差距；2016 年至今，我国海洋工程装备制造业进入智能化、绿色化发展阶段，占全球海工市场份额从 9% 增长到 41%，订单数量和市场份额居全球第一，在海洋工程装备总装建造领域已经进入世界第一方阵。

二、"十四五"布局

《国民经济和社会发展第十四个五年规划和 2035 年远景目标纲要》在第三十三章"积极拓展海洋经济发展空间"中提出"建设现代海洋产业体系。围绕海洋工程、海洋资源、海洋环境等领域突破一批关键核心技术。培育壮大海洋工程装备、海洋生物医药产业。建设一批高质量海洋经济发展示范区和特色化海洋产业集群。"2021 年 12 月，《国务院关于"十四五"海洋经济发展规划的批复》（国函〔2021〕131 号）中强调"优化海洋经济空间布局，加快构建现代海洋产业体系，着力提升海洋科技自主创新能力，协调推进海洋资源保护与开发，维护和拓展国家海洋权益，畅通陆海连接，增强海上实力，走依海富国、以海强国、人海和谐、合作共赢的发展道路，加快建设中国特色海洋强国"。可见，海洋工程装备制造业作为海洋经济发展的前提和基础，是我国加快构建现代海洋产业体系、维护和拓展国家海洋权益、推进海洋资源开发、保障战略运输安全、畅通陆海连接、增强海上实力的重点方向。

山东、江苏、浙江、福建、广东、上海等主要沿海省（市）均在"十四五"海洋经济发展规划"发展壮大海洋新兴产业"部分对海洋工程装备产业进行了部署，目标定位多集中在打造海工装备制造基地或产业集群。从布局支持方向上看，山东省重点支持海洋开发装备及关键基础配套装备，广东省重点支持深海油气资源勘探开发装备、新型海洋工程装备以及"卡脖子"技术与装备的攻关与进口替代，江苏省在海洋油气勘探开采装备、海洋电子信息装备和海洋工程通用装备等方向均有布局，福建省重点支持海底能源开采技术装备以及无人潜航器、深水机器人等，浙江省大力发展大型海洋钻井平台、水下运载及作业装备等。从目标定位上，主要沿海城市各有侧重，上海注重产业链完善，深圳侧重装备智能化特色化，宁波推动形成千亿规模海洋工程装备产业集群，大连注重突破重大海工装备，青岛提升海工装备制造自主化水平。

表4-1　主要沿海省市"十四五"海工装备产业发展布局情况表

项目 政策文件	目标	重点项目	支持方向
国民经济和社会发展第十四个五年规划和2035年远景目标纲要	建设现代海洋产业体系，培育壮大海洋工程装备、海洋生物医药产业。	深海和极地关键技术与装备重点专项。	深海无隔水管泥浆回收循环钻井技术装备；海洋天然气水合物、浅层气、深部气目标评价及合采技术；深海矿产资源勘探开发利用。
山东省"十四五"海洋经济发展规划	打造"山东海工"区域品牌，建设世界领先的现代海工装备制造基地。	（1）青岛塔福（TUFF），（2）青岛汉缆海洋工程产业链基地，（3）医院船项目，（4）东营威飞海洋装备年产300套海洋水下生产系统项目，（5）"蓝鲲号"超大型海洋设施一体化建设安装拆解装备项目，（6）潍柴国际配套产业园，（7）潍柴重机大缸径发动机（M系列）万台产能项目。	构建海洋开发装备自主研发、生产、装备体系，重点发展深水钻井船、深水半潜生产平台、液化天然气浮式生产储卸装置（FLNG）、浮式生产储卸油装置（FPSO）等深水油气装备，支持研发建造"蓝鲲号"超大型海洋设施一体化建设安装拆解装备。 着力提升海洋高端装备基础配套能力。大力发展海洋工程用高性能发动机、液化天然气（LNG）/柴油双燃料发动机、超大型电力推进器等，积极发展水下采油树、水下高压防喷器、智能水下机器人、水下自动化钻探、海底管道检测等装备，提高深水锚泊系统、动力定位系统、自动控制系统、水下钻井系统、柔性立管深海观测系统等关键配套设备设计制造水平。
广东省"十四五"海洋经济发展规划	打造产值超千亿元海洋工程装备制造产业集群。	（1）推进广州龙穴、深圳蛇口、珠海高栏港和湛江、阳江、汕尾等地海洋工程装备制造基地建设。（2）支持在深圳、珠海、中山和江门等地建立智能海洋工程装备研发中心和海工装备测试基地。（3）推动建设中船南方海洋工程技术研究院、广州国家级智慧海洋创新研究院和招商局海洋装备研究院。	突破多功能潜水器、深海传感器、深海矿产资源探测、海上智能集群探测系统、海洋智能监测等关键技术，支持新技术、新材料在海洋装备领域的示范应用。 促进产品结构优化调整，重点发展综合物探船、油气管道铺设船、海上油气储运设施、海洋钻采设备等深海油气资源勘探开发装备，加快发展应用于海上风电场建设与运维、深远海大型养殖、深远海采矿、海水淡化、海上旅游休闲等场景的新型海洋工程装备。 支持海工专业软件、特殊材料、高可靠元器件、极端环境适用和智能控制等"卡脖子"技术与装备的攻关与进口替代。

续表

项目 政策文件	目标	重点项目	支持方向
江苏省"十四五"海洋经济发展规划	在无锡、南通、镇江、泰州、连云港等地打造世界级高端海工装备与高技术船舶产业创新集聚区。	南通经济开发区海洋工程船舶及重装备制造产业基地、崇川区船舶及海洋工程产业基地、启东海工船舶产业基地、无锡国家高新区中船海洋探测技术产业园、盐城东台海洋工程特种装备产业园、镇江特种船舶及海洋工程。	优化发展油气处理设备及系统、液化天然气（LNG）装卸系统、系泊系统、物探设备等海洋油气勘探开采装备。积极发展大功率风电机组、控制系统、齿轮箱、主轴承等海上风电装备。鼓励发展新能源淡化海水成套设备等海水淡化装备。培育壮大海洋生物资源利用装备、海洋电子信息装备和海洋工程通用装备制造。
福建省"十四五"海洋强省建设专项	打造福州、漳州、宁德、厦门等海洋工程装备制造业基地。	发展用于海底采矿、水下打捞、海上救援、海道测量、港口航道施工、深水勘察等海洋重大装备。	研究开发深海油气等海底能源开采技术装备以及深水钻井平台、自升自航式修井平台、大型临港工程装备，无人潜航器、深水机器人、大型装备部件智能化现场机械制造数控装备等先进装备，重点突破海洋平台用高强钢高效自动化焊接与切割技术及装备、海洋工程结构及船舶腐蚀防护与修复以及海洋数据传输等关键技术。
浙江省"十四五"海洋经济发展规划	万亿级临港先进装备制造业集群。	—	大力培育发展大型海洋钻井平台、大型海洋生产（生活）平台等海洋工程装备制造业，推进水下运载及作业装备国产化，加快海底电缆（光缆）技术及产品研发，支持风电装备、大型石化、煤化工装备制造业发展，培育形成全国领先的临港先进装备制造基地。
上海市"十四五"海洋经济发展规划	推动建设全国规模最大、产业链最完善的船舶与海洋工程装备综合产业集群。	长兴海洋装备岛，重点发展高端船舶、海洋工程装备产业，提升海洋装备智能制造水平。	开展全海深作业（水下勘探、矿产开发）能力的水下机器人、薄膜型LNG围护系统、智能化船舶机舱、大型海洋工程海上安装拆除作业、大功率海上风机安装维护作业、大洋钻探等装备研制。

政策文件＼项目	目标	重点项目	支持方向
深圳市海洋发展规划（2023~2035年）	推动海洋高端装备产业智能化特色化发展。	—	聚焦产业链高附加值服务环节，培育世界一流的海洋工程装备行业龙头。围绕海洋油气、海上风电等能源利用，以及深海资源开发等应用场景，整体提升海洋工程装备技术水平。提升航运、深远海养殖工程、海上公共服务、新型用海等应用场景的装备保障水平。加强重大深海装备、海洋智能设备关键技术攻关，推动5G等新一代信息技术与高端装备深度融合。
宁波市"十四五"海洋经济发展规划	形成千亿规模海洋工程装备产业集群，打造全国领先的海洋工程装备制造基地。	支持象山建设临港海工装备产业基地，加快石化海工装备项目建设。	重点发展海洋工程装备关键零部件、海洋工程成套设备、海洋工程装备平台、海洋智能制造装备等四大领域，培育形成一批"专精特新小巨人"零部件生产企业，引进国内外大型海洋工程装备集成制造企业和科技创新企业。
大连市"十四五"海洋经济发展规划	打造重大海工装备与智能制造海洋特色名片。	—	瞄准未来海洋开发重大需求，重点发展大型自升式钻井平台品牌工程、第七代超深水半潜式钻井平台（钻井船）、半潜式生产平台、半潜式多功能支持平台、深水浮式生产储卸装置（FPSO）。加快提升自升式钻井/生产平台、半潜式钻井/生活平台、极地冰区平台、海洋多功能（钻采集输）平台等关键技术装备开发制造能力。
青岛市"十四五"海洋经济发展规划	提升海洋装备制造自主化水平。打造国内一流的海工装备产业基地。	推进中国海洋工程研究院、海洋装备研究院、船舶与海洋工程装备创新中心等一批高端研发创新平台建设。探索筹建深远海开发集团，推进深海资源勘察、开发利用的关键系统和专用设备研发，完善国家深海运载装备体系。	推动产学研联合，设计研发海洋高端装备，提高关键设备国产化率。做精浮式生产储卸油装置建造，开展海洋油气资源勘探、开采船舶与装置的研制与集成创新，推进油气生产装备及水下生产系统的研发和产业化应用。发展港口起重机、桥式卸船机等海港装卸装备以及大型养殖工船、深海智能养殖网箱等深远海养殖渔业装备。大力发展深远海海洋环境观测、监测和勘探装备设计制造。

第二节　海洋工程装备产业链分析

海洋工程装备主要指海洋资源（特别是海洋油气资源）勘探、开采、加工、储运、管理、后勤服务等方面的大型工程装备和辅助装备，具有高技术、高投入、高产出、高附加值、高风险的特点，是先进制造、信息、新材料等高新技术的综合体，产业链条长、产业关联度大、产业辐射能力强，对国民经济带动作用大。自20世纪60年代大连造船厂（大船重工前身）正式成立以来，中国海洋工程装备行业至今发展已有近60年，形成了较为

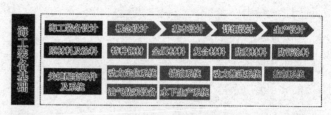
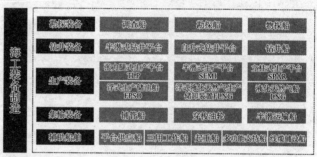
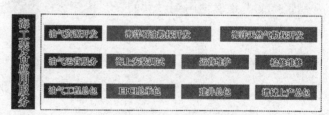

图4-1　海洋工程装备产业链全景图

完整和成熟的产业链。海洋工程产业链有上游海洋工程装备基础、中游海洋工程装备制造和下游海洋工程装备应用服务等主要环节，在产业链的各个环节都形成了各自的发展模式。

一、海洋工程装备产业链上游

海洋工程装备产业链上游为海工装备基础，包括海工装备设计、原材料、防腐涂料和关键配套部件等，在整个产业链中，是我国最关键也是最薄弱的环节。目前我国只有少数公司能够进行海洋工程装备设计，在浅水和低端装备设计方面积累了较多的

经验，但高端设备设计能力还相对薄弱。

海洋工程装备设计。总体来说，海洋工程装备设计流程主要包含概念设计、基本设计、详细设计和生产设计四个阶段。概念设计一般又称方案设计，主要是将海洋工程装备的主要需求和方案转化为具有概念性的概括性的设计，初步明确海洋工程装备的主要性能和大体的技术参数。基本设计是综合各方面考虑，论证提出的建设需求是否合理，得出一个能满足要求的合理的设计方案，为下一阶段设计奠定基础。详细设计是在基本设计的基础上，深入分析，并最终确定海洋工程装备的结构强度、各种设备材料以及技术要求等。生产设计是对海洋工程装备生产建造过程进行设计规划，设计生产过程、方法、工艺，对提高海洋工程装备的建造质量及效率，缩短建造周期等具有重大影响。

原材料及涂料。海洋工程装备工作时处在风、浪、流、海水腐蚀甚至严寒的恶劣环境下，特别是在深海海域，还受到海洋密度分层产生的内波影响及水波流场和结构物相互作用的势流动力学影响，因此往往采取特种钢材、有色金属和复合材料等特殊材料。同时，涂装防腐涂料、降阻涂料等是防止海洋工程装备腐蚀的主要措施。海洋工程装备主要采用钢质材料建造，大量使用的钢材是焊接高强度结构用钢和焊接低合金高强度耐海水腐蚀用钢，它们除了按船级社规范进行要求外，常常还要求耐层状撕裂性能和焊接接头的 COD 性能，比规范要求更为严格。在我国海洋工程装备发展历程中，铝合金起到了举足轻重的作用，铝合金具有重量轻、耐高温、耐腐蚀性强、强度高以及抗冲击性好等特点，在海洋工程领域得到了广泛应用。钛金属质轻、高强、耐蚀，特别是对盐水或海水和海洋大气环境的侵蚀有免疫能力，是优质轻型结构材料，被称为"海洋金属"，是重要的战略金属材料。钛金属在海洋工程中具有广泛的用途，特别适于做轻型海工装备，是海洋工程领域的新型关键材料之一。防腐涂料一般分为常规防腐涂料和重防腐涂料。常规涂料是指在一般条件下，能对金属等基材起到防腐蚀的作用，增加海洋设施使用寿命的涂料；重防腐涂料是相对常规防腐涂料而言，能在相对苛刻腐蚀环境里应用，达到比常规防腐涂料更长保护期的一类防腐涂料。海洋污损生物附着在海洋工程装备表面，对海洋管线、钢桩、平台等造成侵害和腐蚀，影响设备外观、增加船舶阻力、堵塞管道、加速金属腐蚀、影响海洋仪器正常使用等。防污降阻涂料能够有效地对船舶和海洋设施等进行保护，降低和避免海洋污损生物在其表面的附着和侵蚀。降阻涂料主要包括无机类和有机类两种。其中有机类防污涂料主要包括有机锡化合物、有机氧化合物等；无机类防污涂料主要包括氯化锌、氧化亚铜、氧化汞等。传统防污涂料中大量使用有毒物质，对海洋环境和海洋生物造成严重影响，现代海洋防污涂料主要向环境友好型方向发展。在降阻涂料的研发技术及应用方面，仍是国外机构和公司占据主导地位。我国研究机构也开展了相关研究，并取得较好进展，包括仿生防污控制材料的研究和环境友好型自抛光防污涂料的研究等；经过研究和发展，防污涂料的防污期限已经从 3 年提高到 5 年，最高可达 7.5 年。我国南海海域因其地理环境原因，各种平台上海洋生物的附着和生长繁茂，目前还没有特效的长期防污防腐配套体系，在该方面有待国内自主开发。

关键配套部件及系统。海洋工程关键配套部件及系统主要包括海洋工程平台和作业船的配套系统和设备，以及水下采油、施工、检测、维修等设备，分为专用配套设备和通用配套设施两大类，主要包括动力定位系统、锚泊系统、油气钻采设备、水下生产系统、集成控制系统等。动力定位系统是通过对推进器的自动控制，利用其自身推进动力，产生推力和力矩，抵御海上风浪流等外力扰动的影响，使海洋工程装备在海上自动保持于设定位置和方位所限制的范围内，或按设定的航向移动。动力定位系统包含实现动力定位需要装备的、用于动力定位的全部设备，包括动力系统、推动系统以及动力定位控制系统。锚泊系统是通过在海底设置某种固定的基底设备，用锚泊线连接水面海洋工程装备与基底设备，限制海洋工程装备的运行，保证钻杆、立管等不会有过大的偏斜，尽量延长海洋工程装备的使用寿命。按照定位时间，一般分为移动性锚泊系统、暂时性锚泊系统和永久性锚泊系统。油气钻采设备指海洋石油、天然气专用开采设备。包括：石油、天然气钻采专用设备，钻探机、采油设备、井口装置、防喷器、修井设备、固井压裂设备等，石油钻采工具及配件，吊卡、卡瓦、吊钳、钻头等，石油、天然气钻采设备零件等。水下生产系统是一种水下生产设施，将生产设备放到海底，可以避免建造昂贵的海上采油平台，缩短建设时间，节省大量建设成本，且抵抗自然灾害的能力强，是未来深水油气资源开采的必然趋势。水下生产系统一般包括水下井口、水下采油树、水下管汇、海底油气管道、脐带缆、控制系统和其他油气处理设施等。水下生产系统采出的油气资源通过立管回接到生产平台或生产储油轮上。目前，水下生产系统的关键技术被挪威、美国、巴西等国家掌握。与国外海上油气开发相比，我国海洋油气开发起步较晚，且主要集中在 300 m 以内的浅海，深海技术远远落后于国际水平。水下生产系统是多学科高技术的综合运用,对各大院校和企业的研发能力都提出了更大的挑战。水下生产系统前沿技术包括水下长距离流动保障技术、水下电力输送与全电控制技术、水下安装技术、水下生产系统可靠性及完整性管理技术、极地水下生产技术等。中央集成控制系统在海上石油平台生产过程中占有至关重要的地位,它起着调节和监控各种工艺参数,保证工艺流程正常运行,协调和控制各个系统间关系的作用。一般由过程控制系统(PCS)、紧急关断系统(ESD)和火气系统(F&G)组成。

二、海洋工程装备产业链中游

海洋工程装备产业链中游为海洋油气资源勘探开发装备制造。我国企业以浅海装备制造为主,在深海装备领域更多地进行装备组装工作,对于核心技术与关键配套设备的自主研发与生产能力,需要进一步加强。

海洋油气资源开发装备包括勘探装备、钻井装备、生产装备、集输装备和辅助船舶等,其中钻井装备技术含量最高,生产装备次之,一般辅助船舶技术门槛最低。油气开采生产过程划分为三个阶段:勘探阶段、开发阶段以及生产阶段。与此对应,每个阶段用到的海工装备有所不同。

1. 勘探装备

主要包括调查船、勘探船、物探船等,用以寻找海上油气田,并探明油气储量。调查船是专门用来在海上从事海洋调查研究的工具,依照其使用目的分为综合调查船、地质调查船、海洋钻探调查船、声学调查船等,其中多种类型可应用于海洋油气勘探。勘探船,又称物理勘探船、海洋油气勘察船,是指一种用于海洋地质勘探的海洋工程船舶,分为自航式勘探船与非自航式勘探船。勘探船通过物理勘探法进行海洋地质探测,具有探测速度快、范围广、深度大等特点,目前已在海洋油气资源勘探中广泛应用。物探船主要用于海洋地球物理勘探,不同类型的物探船采用不同的物探方法。物探船中最主要的类型是地震船,此外,电磁勘探船近年来也发展得很快。

2. 钻井装备

完成海底钻井任务的机械设备,由海上平台和钻井部分构成。一般包括固定式和移动式钻井平台两类。固定式平台主要包括混凝土重力式平台、深水顺应塔式平台等,

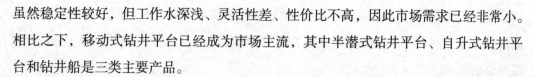

虽然稳定性较好，但工作水深浅、灵活性差、性价比不高，因此市场需求已经非常小。相比之下，移动式钻井平台已经成为市场主流，其中半潜式钻井平台、自升式钻井平台和钻井船是三类主要产品。

3. 生产装备

后期抽取海洋油气，并进行提炼和存储的装备。与钻井装备类似，生产装备也分为固定式生产平台和浮式生产平台。固定式生产平台主要包括导管架平台（JOP）和坐底式平台（SDP）。浮式生产平台是目前市场主流，主要包括张力腿式生产平台（TLP）、单圆柱式生产平台（Spar）、半潜式生产平台（Semi）、浮式生产储油船（FPSO）、浮式液化天然气生产储卸装置（FLNG）、浮式液化天然气储存及再气化装置（FSRU）和液化天然气船（LNG船）等。

4. 海上油气集输

通过海洋平台、浮式装置、水下设备对海底开采原油、天然气，经过采集、初步加工处理、短期储存，并通过油轮或海底管道运输的过程。涉及的主要集输装备包括铺管船、穿梭油船和半潜运输船。铺管船的主要任务是在海底铺设输送石油和天然气管道，包括海底油、气集输管道，干线管道和附属的增压平台，以及管道与平台连接的主管等部分，其作用是将海上油、气田所开发出来的石油或者天然气汇集起来，输往系泊油船的单点系泊系统或输往路上油、气库站。穿梭油船指专门用于海上油田向陆地运送石油的一型油船，该型船大多配备一系列复杂的装卸油系统，同时船舶大多配备动力定位系统、直升机平台设施，造价远远高于同等吨位油船。半潜运输船主要应用于钻井平台、油气模块、大型船舶和钢结构物等运输，在油气设备运输中存在航速快、运输吃水浅等优势，市场需求持续攀升，行业得到快速发展。

5. 海洋工程辅助船舶

海洋油气开发提供配套服务的工程船舶总称，主要指为海上石油开采、油田守护、海滩救助、深海打捞、海上起重和海港供应等提供直接服务的船舶，是海洋工程装备制造业的重要组成部分。主要分为：平台供应船（PSV）、三用工作船（AHTS）、起重船（FCC）、多功能支持船（MPSV）、线缆铺设船（CLV）、潜水支持船（ROV）等。其中，平台供应船和三用工作船是主要船型。平台供应船最主要的功能是运输人员物资到海上的石油平台。三用工作船是专用于钻井平台进行拖曳就位、起抛锚和物资补给的工作船。起重船是一种专门在水上从事起重作业的工程船舶。多功能支持船是海洋工程支持船中的一种特种工程船舶。线缆铺设船是专门从事敷设海底电缆和电缆维修的船舶。

总体来说，在油气资源勘探开发装备方面，美国、挪威等西方发达国家掌握着核心关键技术，特别是在装备的集成化、智能化和配套设备的深水化、专业化方面形成一定的技术垄断态势，我国则存在着国产化比例小、深水化程度低、配套设备能力等问题。在常规水深勘探钻采装备方面，我国已经初步具备设计建造能力，但是核心关键技术仍然处于较低水平，配套能力有限，产品集成化和智能化水平较低。

三、海洋工程装备产业链下游

海洋工程装备产业链下游为基于海洋工程装备的应用服务，主要分为海洋工程装备应用、海洋油气资源开发。海洋工程装备应用包括航运应用、海洋工程装备、国防军工、海洋科考等。海洋油气资源开发应用包括海洋油气工程项目总包、海洋油气资源勘探、平台租赁、钻采服务等油气运营服务。

第三节　海洋工程装备产业大数据概览

一、企业数量

截至 2022 年底，国内共监测到海洋工程装备产业相关企业 6 053 家，其中上游企业超过 1 000 家，中下游海洋工程装备制造与工程总包及服务企业 5 000 余家。自2012 年实施海洋强国战略以来，海洋工程装备产业相关企业数量保持快速增长态势，2012—2022 年年均新增企业 482 家，年均增速达 36.7%，产业发展活跃。

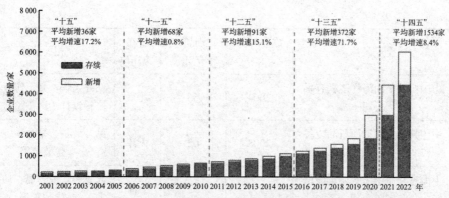

图4-2 2001—2022年海洋工程装备产业企业增长趋势

从企业规模看，海洋工程装备产业属于制造业，注册资本相对较高，注册资本 1 000 万以上的企业占企业总数的 48.0%。其中，企业注册资本以 1 000 万 ~5 000 万为主，占 30.9%；5 000 万 ~1 亿元企业占 7.7%；1 亿元 ~5 亿元企业占 6.6%；5 亿元 ~10 亿元企业占 1.3%；10 亿元以上企业有 95 家，占 1.6%。2022 年，新组建成立中国海洋工程装备技术发展有限公司、烟台中集来福士海洋科技集团有限公司等 10 亿元以上企业。海洋工程装备产业注册资本前十的企业包括中国海洋石油集团、中国海洋工程装备、大连船舶重工、中远海运重工、烟台中集来福士海洋工程、中国石油集团海洋工程、中国石油集团渤海石油装备制造、上海振华重工、江苏熔盛重工、海洋石油工程股份等，注册资本均超过 40 亿元，详见表 4-2。

表 4-2 2018—2022 年海洋工程装备产业注册资本前 10 企业

序号	企业名称	成立时间（年）	注册资本（亿元）	所在城市	相关业务
1	中国海洋石油集团有限公司	1983	1 138	北京	油气勘探开发、专业技术服务
2	中国海洋工程装备技术发展有限公司	2022	200	上海	海工装备总体设计、装备总装
3	大连船舶重工集团有限公司	2005	160	大连	超大型油轮、LNG 船、钻井平台等
4	中远海运重工有限公司	2016	145	上海	圆筒型超深海洋钻井平台、FPSO、穿梭油轮等
5	烟台中集来福士海洋工程有限公司	1996	75	烟台	钻井平台、FPSO 等生产平台

续表

序号	企业名称	成立时间（年）	注册资本（亿元）	所在城市	相关业务
6	中国石油集团海洋工程有限公司	2004	66	北京	钻井工程、井下作业、工程设计、海工建造等
7	中国石油集团渤海石油装备制造有限公司	2008	62	天津	钻井装备、采油装备、输送装备等
8	上海振华重工（集团）股份有限公司	1992	53	上海	起重船、铺管船、动力定位装置等
9	江苏熔盛重工有限公司	2006	51	南通	钻井船、钻井平台、深水铺管起重船等
10	海洋石油工程股份有限公司	2000	44	天津	海洋油气工程EPCI（设计、采办、建造、安装）总承包等

二、招聘情况

2018 年监测以来，海洋工程装备产业相关企业的薪酬水平总体平稳增长。2018—2022 年招聘月薪分别为 7 067 元、6 596 元、7 314 元、9 893 元和 9 987 元。2022 年海洋工程装备制造业招聘月薪同比增长 0.9%，与整个海洋新兴产业平均月薪基本持平。其中，招聘数量最多的 10 家企业有青岛武船麦克德莫特海洋工程、青岛昊宇重工、蓬莱大金海洋重工等。主要分布在青岛、上海、烟台等城市。详见表 4-3。

表 4-3　2018—2022 年海洋工程装备产业招聘数量前 10 企业

序号	企业名称	平均薪酬（元）	所在城市	相关业务
1	青岛武船麦克德莫特海洋工程有限公司	7 645	青岛	FPSO、SPAR 等海洋油气工程装备
2	青岛昊宇重工有限公司	10 500	青岛	海上风电管桩、塔筒等
3	蓬莱大金海洋重工有限公司	10 446	烟台	巨型起重船、铺管船、动力定位装置等
4	上海振华重工（集团）股份有限公司	6 027	上海	管桩、导管架、浮式基础等海上风电装备

续表

序号	企业名称	平均薪酬（元）	所在城市	相关业务
5	大金重工股份有限公司	5 981	阜新	海洋油气工程专业模块的设计、集成建造
6	博迈科海洋工程股份有限公司	6 817	天津	钻井平台，FPSO 等生产平台
7	烟台中集来福士海洋工程有限公司	10 310	烟台	石油钻具、石油管涂层等油田装备
8	海隆石油工业集团有限公司	6 108	上海	海上平台及导管架、单点系泊系统
9	蓬莱巨涛海洋工程重工有限公司	9 455	烟台	门式起重机、集装箱起重机
10	上海振华重工启东海洋工程股份有限公司	5 561	南通	海工装备船舶

三、融资情况

2018—2022 年，海洋工程装备产业共有 72 家企业发起融资 110 余次，披露融资金额超过 470 亿元。2022 年，海洋新兴产业共有 13 家企业发起公开融资 14 次，披露融资金额超过 60 亿元，相比 2021 年融资企业数量减少 5 家，融资次数减少 26.3%，融资金额增加 53.0%。

2018 年以来，中国船舶工业股份有限公司先后通过收购和股权转让，将上海外高桥造船、黄埔文冲、广船国际、中船澄西等企业整合为旗下的全资子公司、控股子公司和参股子公司，完成重大资产重组。2022 年海洋工程装备产业 13 家获得融资的企业中，风电装备企业——大金重工股份有限公司主板定向增发融资 30.66 亿元，江苏长风海洋装备制造有限公司 30 亿元被天顺风能收购，成为 2022 年海洋工程装备产业融资金额最高的两次融资。船舶自动化系统研发企业——合肥倍豪海洋装备技术有限公司近五年获得 4 次融资，2022 年获得国鼎资本 1 亿元 Pre-B 轮投资。

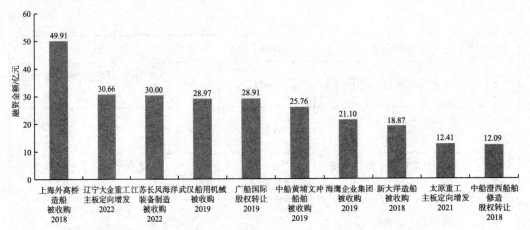

图4-3　2018—2022年海洋工程装备产业融资金额前10企业

表 4-4　2018—2022 年海洋工程装备产业融资次数前 10 企业

序号	企业	融资轮次	融资金额（万元）	所在城市	相关业务
1	宁波博海深衡科技有限公司	股权融资	未披露	宁波	水下声呐装备
2	合肥倍豪海洋装备技术有限公司	Pre-B 轮	10 000	合肥	船舶推进器、电力推进系统
3	深圳鳍源科技有限公司	B+ 轮	2 000	深圳	水下机器人
4	河北华通线缆集团股份有限公司	IPO	68 380	唐山	船用电缆
5	宝鼎科技股份有限公司	主板定向增发	116 745	杭州	海洋工程用大型铸锻件
6	上海外高桥造船有限公司	被收购	499 135	上海	FPSO、深水半潜式钻井平台、自升式钻井平台
7	广船国际有限公司	股权转让	289 100	广州	油轮、原油船、成品油船、半潜船
8	中船澄西船舶修造有限公司	股权转让	120 936	无锡	船舶及海洋工程的修理、建造、改装
9	合力（天津）能源科技股份有限公司	Pre-IPO	40 000	天津	深水钻井平台的井控系统装备及钻井系统装备修复及再制造
10	上海宜通海洋科技股份有限公司	股权转让	未披露	上海	船舶通信导航系统、自动化控制系统、单点系泊远程控制系统

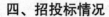

四、招投标情况

监测数据显示，2018年以来我国海洋工程装备产业招标市场日趋活跃。2018—2022年招标数量分别为1 271项、909项、1 334项、2 106项和8 609项，五年年均增长61.3%。2022年，共监测到130余家海工装备企业发布的招标项目8 609项，招标企业数量较2021年增加34.7%，招标数量是上年的4.1倍。详见图4-4。其中，中国船舶集团、上海振华重工和海洋石油工程招标数量位居前三，招标数量合计占年度总量的36.3%。招标项目主要涉及海油工程珠海LNG二期扩建、流花11-1油田/4-1油田联合开发、绥中36-1油田和旅大5-2油田多座平台二次调整改造、陵水25-1气田开发、恩平18-6油田/番禺19-1油田联合开发等，上海振华重工的启东海洋三航4 000吨起重船、立洋海工5 000吨自航式全回转起重船、景德镇海建1 600吨风电安装平台、三航1 800吨风电安装平台、三航2500吨风电安装平台等，以及中国船舶集团海洋物联网云平台基础设施（二期）——海洋物联网跨域应用平台、海洋环境基础数据分析平台、试验平台船体（海上浮动试验平台）等。详见表4-5。

中标市场稳步增长，2018—2022年中标数量分别为1 937项、2 018项、2 210项、1 878项和3 199项，五年年均增长13.4%。2022年，共监测到440家海工装备企业发布的中标项目3 199项，中标企业数量较2021年增加26.1%，中标数量增长70.3%。其中，上海振华重工、三一海洋重工等企业中标数量较多。中标项目主要涉及中国铁建5 000吨全回转起重船、上海电气风电集团风电运维母船、三峡集团海上风电关键施工船、可调平深水锚桩导向装置、垦利16-1油田开发项目WHPA组块管线、山东港口青岛港前湾港区泛亚码头工程18台全自动集装箱堆垛机和1台轨道式龙门起重机、中科院海洋研究所水下缆控潜器（ROV）零部件、浙江大学集成多波束无人化测深系统等。详见表4-6。

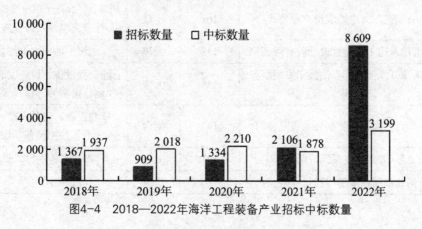

图4-4 2018—2022年海洋工程装备产业招标中标数量

表 4-5　2018—2022 年海洋工程装备产业招标数量前 10 企业

序号	企业	招标数量	所在城市	主要业务与产品
1	中国船舶集团有限公司	2 495	上海	海洋防务装备、深海装备、水下攻防装备
2	海洋石油工程股份有限公司	2 032	天津	海洋油气工程 EPCI（设计、采办、建造、安装）总承包
3	上海振华重工（集团）股份有限公司	1 428	上海	起重船、铺管船、动力定位装置等
4	海洋石油工程（青岛）有限公司	691	青岛	FPSO、钢质导管架平台、深水浮式平台
5	中海油能源发展装备技术有限公司	479	天津	海洋油气生产作业技术服务
6	招商局重工（江苏）有限公司	465	南通	海洋工程装备（含模块）的设计、制造和修理
7	青岛港口装备制造有限公司	440	青岛	物料搬运装备、深海石油钻探设备
8	太原重工股份有限公司	378	太原	海洋钻井平台、多功能辅助平台、各类港口机械等
9	沪东中华造船（集团）有限公司	330	上海	原油轮、LNG 船、石油平台等
10	中石化四机石油机械有限公司	313	荆州	海洋固定式平台钻机和修井机、海洋固井压裂设备、海洋管汇等

表 4-6　2018—2022 年海洋工程装备产业中标数量前 10 企业

序号	企业	中标数量	所在城市	主要业务与产品
1	江苏中天科技股份有限公司	282	南通	海洋探测装备用脐带缆、设备机电连接系统解决方案
2	上海振华重工（集团）股份有限公司	230	上海	起重船、铺管船、动力定位装置等
3	三一海洋重工有限公司	221	珠海	门式起重机、集装箱起重机
4	中远佐敦船舶涂料（青岛）有限公司	175	青岛	船舶涂料、防护涂料
5	宁波东方电缆股份有限公司	161	宁波	超高压/高压/中压交流海缆、柔性直流海缆及海缆施工运维
6	天津水运工程勘察设计院有限公司	158	天津	海上油田水上测量
7	天津开发区安能石油技术发展服务有限公司	156	天津	石油工程设备、设施安装建造、维修检测的工程技术服务
8	烟台杰瑞石油装备技术有限公司	142	烟台	钻修井设备、完井增产设备、高压管汇、井控设备、柱塞泵等
9	中交上海航道勘察设计研究院有限公司	121	上海	海洋工程勘察、设计
10	河北华通线缆集团股份有限公司	116	唐山	船用电缆

五、专利创新情况

从专利申请数量看，2018—2022 年，海洋工程装备产业共监测到 910 多家企业公开的近 2.5 万件发明专利申请，申请量年均增长 12.2%。2022 年，共申请发明专利 5 861 件，是 2018 年的 1.6 倍。详见图 4-5。其中，排名前 10 的企业专利申请量占总量的 34.9%，主要有上海外高桥造船、武汉船用机械、沪东中华造船（集团）、中船黄埔文冲船舶、广船国际等。详见表 4-7。

从专利授权数量看，2018—2022 年，共监测到 580 余家企业获得 9 191 件发明专利授权，授权量年均增长 16.4%。2022 年，共授权专利 2 493 件，同比增长 17.3%，是 2018 年的 1.8 倍。专利授权量前 10 的企业与专利申请前 10 企业相近，此外，中油国家油气钻井装备工程技术研究中心、三一海洋重工等专利授权量增长较快。重点授权专利涉及双燃料超大型集装箱船 / 油船设计建造、自动敷设电缆机器人、自升式平台潜水泵塔管安装、海洋平台桩腿用耐磨装置、LNG 船 B 型围护系统的密封 / 泄漏导流装置、大型船舶推进轴系状态监控等。

从专利转化数量看，2018—2022 年，共监测到 150 余家企业转化发明专利过千件，转化量年均增长 24.9%。2022 年，共转化专利 309 件，同比增长 25.8%，是 2018 年的 2.4 倍。近五年专利转化数量前 10 的企业主要有中船黄埔文冲船舶、广船国际、捷胜海洋装备、重庆前卫海洋石油工程设备等。此外，烟台佑利技术、苏州道森钻采设备、江苏宏强船舶重工等企业 2022 年发明专利转化数量较多。转化专利包括圆柱销孔式桩腿建造精度控制、升降平台海水总管保压、水下卧式采油树、水下快速液压接头、新型井口采油装置、石油开采用钻进推进器等。详见表 4-8。

图4-5　2018—2022年海洋工程装备产业新增发明专利数量

表 4-7 2018—2022 年海洋工程装备产业专利申请/授权数量前 10 企业

序号	企业	专利申请数量（件）	专利授权数量（件）	所在城市	主要业务与产品
1	上海外高桥造船有限公司	1 383	299	上海	FPSO、深水半潜式钻井平台、自升式钻井平台
2	武汉船用机械有限责任公司	1 273	1 100	武汉	升降系统、海事起重机、自升式作业支持平台、甲板及拖带系统等
3	沪东中华造船（集团）有限公司	1 185	370	上海	原油轮、LNG 船、石油平台等
4	中船黄埔文冲船舶有限公司	1 127	330	广州	多功能水下作业支持船、深水工程勘察船、半潜船、自升式钻井平台
5	广船国际有限公司	1 017	416	广州	油轮、原油船、成品油船、半潜船
6	上海振华重工（集团）股份有限公司	659	177	上海	起重船、铺管船、动力定位装置等
7	中船澄西船舶修造有限公司	631	189	无锡	船舶及海洋工程修理、建造、改装
8	海洋石油工程股份有限公司	567	158	天津	海洋油气工程 EPCI（设计、采办、建造、安装）总承包
9	江苏中天科技股份有限公司	517	175	南通	海洋探测装备用脐带缆、设备机电连接系统解决方案
10	烟台杰瑞石油装备技术有限公司	332	19	烟台	钻修井设备、完井增产设备、高压管汇、井控设备、柱塞泵等

表 4-8 2022 年海洋工程装备产业专利转化数量前 10 企业

序号	企业	专利转化数量（件）	所在城市	主要业务与产品
1	中船黄埔文冲船舶有限公司	79	广州	多功能水下作业支持船、深水工程勘察船、半潜船、自升式钻井平台等
2	广船国际有限公司	48	广州	油轮、原油船、成品油船、半潜船等
3	江苏中天科技股份有限公司	32	南通	海洋探测装备用脐带缆、设备机电连接系统解决方案
4	捷胜海洋装备股份有限公司	26	宁波	海洋渔业装备、海洋科考装备、海事海工装备
5	泰州市柯普尼通讯设备有限公司	22	泰州	海洋通信（讯）电气系统解决方案
6	重庆前卫海洋石油工程设备有限责任公司	16	重庆	采油树和井口装置及其控制系统
7	广东精铟海洋工程股份有限公司	16	佛山	海洋工程装备配套专业设备

序号	企业	专利转化数量（件）	所在城市	主要业务与产品
8	天津市海王星海上工程技术股份有限公司	15	天津	海洋工程结构及产品的研发、设计、建造、海上安装
9	海隆石油工业集团有限公司	12	上海	石油钻具、石油管涂层等油田装备
10	苏州道森钻采设备股份有限公司	10	苏州	井口装置及采油（气）树、管线阀门、井控设备等

六、区域分布

监测数据显示，海洋工程装备企业主要集中在江苏、山东、广东、浙江、福建、辽宁、海南、天津、上海等沿海省份，9 个省份企业数量共计 5 272 家，占企业总量的 87.1%。其中江苏和山东海洋工程装备企业数量最多，分别为 1 625 家和 1 270 家，占企业总量的 26.8% 和 21.0%，合计占比近半数。广东、浙江、福建和辽宁企业数量占比在 5%~9% 之间。详见图 4-6。

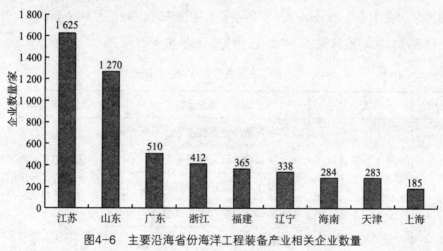

图4-6　主要沿海省份海洋工程装备产业相关企业数量

第四节　海洋工程装备产业链和创新链布局

基于海洋工程装备产业链分析和产业大数据分析结果，综合企业的主营业务、专利数据、融资信息、招投标信息等，形成国内海洋工程装备产业链上、中、下游主要环节的代表性企业。此外，通过行业报告、专利信息、文献检索等渠道，形成国内海洋工程装备产业链上、中、下游主要环节的代表性高校院所，详见表4-9。

在产业链方面，海洋工程装备产业重点企业主要分布在上海、天津、青岛、烟台、北京等城市。其中，上海海洋工程装备企业数量最多，涉及海洋工程装备产业链上游和中游，集聚了包括海工装备设计的天海融合防务装备，关键配套部件的上海神开石油化工装备，以及海工装备制造的上海振华重工、上海外高桥造船、沪东中华造船等多家重点企业，此外中国船舶工业和中国海洋工程装备技术发展有限公司的总部也设在上海。其次是天津，拥有海洋石油工程、中海油田服务、博迈科海洋工程等海工装备中下游重点企业。此外，青岛集聚了海洋石油工程（青岛）、山东海洋工程装备研究院、青岛汉缆股份、中远佐敦船舶涂料（青岛）等海工装备中上游重点企业，烟台拥有中集来福士、杰瑞石油装备等重点企业。

在创新链方面，海洋工程装备产业重点科研院所主要分布在上海、青岛、无锡、广州、大连等城市。上海主要有中国船舶及海洋工程设计研究院、上海交通大学、中国船舶科学研究中心上海分部等，青岛主要有中国海洋工程研究院（青岛）、中国地质调查局青岛海洋地质研究所、中国石油大学（华东）等。

表4-9 海洋工程装备产业链和创新链全景图

一级分类	二级分类	主要企业	主要科研院所
海工装备基础	海工装备设计	天海融合防务装备技术股份有限公司	中国船舶及海洋工程设计研究院（中国船舶集团有限公司第七○八研究所） 中国海洋工程研究院（青岛） 广州船舶及海洋工程设计研究院 上海船舶研究设计院 大连理工大学
		武汉船舶设计研究院有限公司	
		山东海洋工程装备研究院有限公司	
	原材料及涂料	中海油研究总院有限责任公司	
		鞍钢股份有限公司	
		马鞍山钢铁股份有限公司	
		宝山钢铁股份有限公司	
		上海国际油漆有限公司	
		中远佐敦船舶涂料（青岛）有限公司	
		海洋化工研究院有限公司	

续表

一级分类	二级分类	主要企业	主要科研院所
海工装备基础	关键配套部件及系统	中石化石油机械股份有限公司	天津大学 上海交通大学 哈尔滨工程大学
		烟台杰瑞石油装备技术有限公司	
		上海神开石油化工装备股份有限公司	
		广州中海达卫星导航技术股份有限公司	
		上海华测导航技术股份有限公司	
		江苏亚星锚链股份有限公司	
		江苏中天科技股份有限公司	
		青岛汉缆股份有限公司	
		浙江久立特材科技股份有限公司	
		西安宝德自动化股份有限公司	
		巨力索具股份有限公司	
		山东墨龙石油机械股份有限公司	
海工装备制造	海洋油气资源勘探开发装备	中国海洋工程装备技术发展有限公司	中国船舶科学研究中心 中国地质调查局广州海洋地质调查局 中国地质调查局青岛海洋地质研究所 上海交通大学 中国石油大学（华东） 中国石油大学（北京） 哈尔滨工程大学 西南石油大学 中国地质大学（武汉） 大连理工大学
		海洋石油工程股份有限公司	
		中国船舶工业股份有限公司	
		烟台中集来福士海洋工程有限公司	
		上海振华重工（集团）股份有限公司	
		上海外高桥造船有限公司	
		沪东中华造船（集团）有限公司	
		广船国际有限公司	
		海洋石油工程（青岛）有限公司	
		三一海洋重工有限公司	
		国信中船（青岛）海洋科技有限公司	

续表

一级分类	二级分类	主要企业	主要科研院所
海工装备应用服务	海洋油气资源开发	海洋石油工程股份有限公司	
		中海油能源发展股份有限公司	
		中国海洋石油集团有限公司	
		中国石油天然气集团公司	
	油气运营服务	中海油田服务股份有限公司	
		中国石油集团工程股份有限公司	
		博迈科海洋工程股份有限公司	
		烟台杰瑞石油服务集团股份有限公司	

一、重点企业画像

基于海洋工程装备产业链全景图，分别从产业链上、中、下游筛选出 10 家重点企业，包括海工装备基础环节的天海融合防务装备技术股份有限公司、中石化石油机械股份有限公司，海工装备制造环节的中远海运重工有限公司、上海振华重工（集团）股份有限公司、烟台中集来福士海洋工程有限公司、上海外高桥造船有限公司、中国海洋工程装备技术发展有限公司，海工装备应用服务环节的海洋石油工程股份有限公司、中海油田服务股份有限公司、中国海洋石油集团有限公司，对企业研发方向、专利布局、融资情况等进行详细分析，绘制企业画像。详见表 4-10—表 4-19。

表 4-10　天海融合防务装备技术股份有限公司

企业名称	天海融合防务装备技术股份有限公司
企业类型	上市企业、专精特新小巨人
基本信息	前身为上海佳豪船舶工程设计股份有限公司，成立于 2001 年，2009 年在深圳证券交易所上市，主营业务涉及船海工程、防务装备、新能源三大领域。船海工程业务涵盖船海工程研发设计、船海和港口机械工程技术咨询和监理、船海工程 EPC 业务，具体包括风电安装作业平台及相关海工船舶、运输船、特种船等各类船舶的设计、建造及监理，军辅船和军贸船设计建造、特种防务装备及军工配套产品研制，新能源应用技术研发和系统集成等。
研发方向	灵便型货船、特种工程船、深水作业船以及新能源动力船舶的研发设计与制造

续表

研发人员	2022 年，研发人员共 218 人，占公司总人数的 24.8%。
专利布局	拥有船舶设计、海洋工程装置和管道探测等方面的专利 165 项，其中授权发明专利 13 项，包括：海洋油污防扩散围油处理装置、液压油缸及载荷均衡装置、安装于自升式平台桩靴表面的冲桩结构、具有吊绳运动感应机构的起重设备及其起吊控制方法等。
融资情况	2009 年 10 月，IPO，3.5 亿元，公开发行； 2014 年 6 月，主板定向增发，2.2 亿元，投资方为上海沃金石油天然气有限公司； 2016 年 4 月，主板定向增发，10.9 亿元，投资方为时位股权、弘茂股权； 2018 年 7 月，股权转让，融资金额未披露，投资方为弘茂股权； 2018 年 7 月，IPO 后，融资金额未披露，投资方为四川弘茂投资。

表 4-11　中石化石油机械股份有限公司

企业名称	中石化石油机械股份有限公司
企业类型	上市企业
基本信息	原江汉石油钻头股份有限公司，成立于 1998 年，位于武汉市东湖新技术开发区。主营业务包括各类油气开发装备装置，以及钻头、钻具、管汇、阀门、井下工具、仪器仪表的研制、销售与检测运维服务，主导产品涵盖石油工程、油气开发、油气集输三大领域，覆盖陆地和海洋油气田，具体包括石油钻机、固井设备、压裂设备、修井机、连续油管作业设备、带压作业设备、钻头钻具、井下工具、油气输送钢管、天然气压缩机、油田环保装备、高压流体控制产品，可为石油工程作业提供装备一体化解决方案，以及石油石化装备检测、天然气增压、设备运维服务等。
研发方向	石油钻机、固井设备、压裂设备、修井机、连续油管作业设备、带压作业设备、钻头钻具等
研发人员	现有科研人员近 1 000 人，博士、硕士研究生 280 人。
专利布局	拥有油气钻采装备、海洋工程装备等方面的专利 1 600 余项，其中授权发明专利 237 项，包括：极地钻井平台系统、海洋钢管的焊缝拉伸性能控制方法、一种海洋钻修井机底座移动装置及移动方法、水下采油树液压系统、一种具有监测丝扣松动的井下动力钻具等。
融资情况	1998 年 11 月，IPO，2.375 亿元，公开发行； 2015 年 6 月，主板定向增发，17.78 亿元，投资方为鹏华基金； 2022 年 4 月，定向增发，9.95 亿元，投资机构为济南瀚祥投资管理合伙企业（有限合伙）、武汉高科、瑞华控股、瑞银集团、中石化、阳光人寿、山东国惠基金管理。

表 4-12 中远海运重工有限公司

企业名称	中远海运重工有限公司
企业类型	国有独资企业
基本信息	中远海运重工有限公司是中国远洋海运集团有限公司旗下以船舶和海洋工程装备建造、修理改装及配套服务为一体的大型重工企业。中远海运重工于 2016 年 12 月正式挂牌运营,总部设在上海。 中远海运重工拥有 9 家大中型船厂,年可建造各类商船 750 多万载重吨,已交付各类船舶 860 余艘;年可承建海工产品 12 个、海工模块 20 组,已交付 50 多个海工项目,覆盖从近海到深海的全部类型;年修理和改装船舶可达 1 500 余艘。
研发方向	船舶制造、海洋工程、修理改装、配套业务
研发人员	拥有多个国家级企业技术中心、一流的海洋工程装备研究院,以及 2 500 余名技术研发设计人员和 10 000 余名高素质的技术工人。
专利布局	拥有海洋工程装备等方面的专利 641 项,其中授权发明专利 43 项,包括:浮式生产储存卸货装置船舵叶水上拆除方法、海上深水动力系泊浮动牵引原油管路输送的方法、自升式钻井平台应用码头水箱进行耐久试验的试验方法、一种穿梭油轮舒适度上建结构的减振装置及制造方法等。

表 4-13 上海振华重工(集团)股份有限公司

企业名称	上海振华重工(集团)股份有限公司
企业类型	上市企业、高新技术企业
基本信息	成立于 1992 年,总部位于上海市浦东新区,在上海、南通等地设有 10 个生产基地,是世界上最大的港口机械重型装备制造商之一。主营业务包括港口用大型集装箱机械和矿石煤炭等散货装卸机械、起重船、铺管船等海洋重工、大重特型钢结构、系统集成与工程总承包等。
研发方向	海洋钻井平台、大型起重船、铺管船、铺缆船、挖泥船等
研发人员	现有从事设计、研发、工艺的工程技术人员 2 600 余名。
专利布局	拥有起重机、钻井平台、控制系统等方面专利 3 200 余项,其中授权发明专利 441 项,包括:集装箱码头装卸系统、管铺设船、海洋钻井平台桩腿主旋管整体加热自动焊接工艺及其专用工装、主动升沉波浪补偿控制系统和控制方法、可动态检测载荷的自升式平台升降装置等。
融资情况	1997 年 8 月,IPO,8.6 亿元,公开发行; 2015 年 3 月,战略投资,金额未知,投资方为中国交建、易方达基金; 2016 年 3 月,主板定向增发,金额未知,投资方为中欧基金、嘉实资本; 2017 年 7 月,股权转让,57.164 亿元,投资方为中国交通建设集团。

表 4-14　烟台中集来福士海洋工程有限公司

企业名称	烟台中集来福士海洋工程有限公司
企业类型	高新技术企业、制造业单项冠军
基本信息	成立于 1996 年，前身是 1977 年建成的烟台造船厂，现为中国国际海运集装箱（集团）股份有限公司全资子公司。公司在烟台、深圳、上海、挪威、瑞典拥有五个海洋研究院，在烟台、海阳、龙口拥有三个建造基地。
研发方向	钻井平台、生产平台、海洋工程船、海上支持船、海洋渔业装备、海上风电装备、豪华游艇和高端游船、海上综合体等各类海洋装备的设计、新建、维修、改造，及"交钥匙"EPC 总包服务等。
研发人员	目前研发设计团队 800 余人。
专利布局	拥有船舶设计、各类平台装置等方面的专利 725 项，其中授权发明专利 158 项，包括：一种海上平台整体建造吊装方法及其专用吊机；半潜式起重生活平台；船用冷却水系统；用于半潜平台的反倾覆系统以及半潜平台；一种游艇的锚系系统及具有该系统的游艇等。
融资情况	2016 年 3 月，投资方为国投创新； 2019 年 6 月，股权融资，投资方为国家先进制造业产业投资基金； 2020 年 10 月，股权融资，投资方为中集集团。

表 4-15　上海外高桥造船有限公司

企业名称	上海外高桥造船有限公司
企业类型	高新技术企业、技术创新示范企业
基本信息	成立于 1999 年，是中国船舶集团有限公司旗下的上市公司中国船舶工业股份有限公司的全资子公司。公司全资拥有上海外高桥造船海洋工程有限公司和上海外高桥造船海洋工程项目管理有限公司、控股上海外高桥造船海洋工程设计有限公司、参股中船邮轮科技发展有限公司等。
研发方向	民用船舶、海洋工程、船用配套
研发人员	现有设计人员 760 人，其中生产设计 450 人，海工设计 185 人，研发 80 人，设计管理 45 人。
专利布局	拥有船体或海上平台、船只部件、船只设计或测定性能的方法等方面专利 2 900 余项，其中授权发明专利 449 项，包括：自升式平台的套管张紧器的负荷试验方法、双燃料超大型集装箱船供气系统及超大型集装箱船、超大型油轮节能导管分段阶段的安装方法、自升式平台的建造方法等。
融资情况	2018 年 2 月，战略融资，投资方为新华保险、中国人寿、国调基金等。

表 4-16 中国海洋工程装备技术发展有限公司

企业名称	中国海洋工程装备技术发展有限公司
企业类型	国有企业、创新型专业技术公司
基本信息	成立于2021年，注册地上海市黄浦区，是由国务院国资委牵头，中国船舶、中国石油、中国石化、中国海油、中远海运等共同组建的海洋工程装备领域专业技术公司。主要开展海洋工程装备领域的工程技术研发，聚焦海工装备总体设计、装备总装两个环节，提升中国海工装备产业国际竞争力，开发和推广应用海工装备相关软件等，提升海洋工程智能化水平。
研发方向	海洋工程关键配套系统、海洋工程设计和模块设计、海洋工程装备研发、海洋能、海水养殖和海洋生物资源利用。
融资情况	2021年12月，战略投资，投资方为中国船舶集团、上海国投、中远海运、中国石化、中国石油、中集集团、中国海油、招商局投资发展有限公司等。

表 4-17 海洋石油工程股份有限公司

企业名称	海洋石油工程股份有限公司
企业类型	高新技术企业
基本信息	成立于2000年，总部位于天津滨海新区，是中国海洋石油集团有限公司控股的上市公司，是中国唯一集海洋石油、天然气开发工程设计、陆地制造和海上安装、调试、维修以及液化天然气、炼化工程为一体的大型工程总承包公司，也是亚太地区规模最大、实力最强的海洋油气工程EPCI（设计、采办、建造、安装）总承包之一。2002年2月在上海证券交易所上市。
研发方向	海洋工程设计、海洋工程建造、海洋工程安装、海上油气田维保、水下工程检测与安装、高端橇装产品制造、海洋工程质量检测、海洋工程项目总包管理、液化天然气工程建设等。
研发人员	现有员工近8 000人，形成了全方位、多层次、宽领域的适应工程总承包的专业团队
专利布局	拥有升降式支柱上的平台、载荷吊挂元件或装置、适合于专门用途的船舶类似的浮动结构等方面专利3 400余项，其中授权发明专利443项，包括：一种应用于深海油气管道试压作业的关键设备；适合多管径管道焊缝的全自动检测装置；海上风机单桩基础导向扶正机构；半潜式海上浮动风机基础等。
融资情况	2001年12月，定向增发，投资方为中国海油； 2002年2月，IPO上市，公开发行； 2011年10月，定向增发，投资方为中证金融； 2013年3月，战略融资，投资方为大成基金、农银国际、嘉实资本等。

表4-18 中海油田服务股份有限公司

企业名称	中海油田服务股份有限公司
企业类型	高新技术企业、技术创新示范企业、制造业单项冠军
基本信息	成立于2001年，位于天津市滨海新区，2007年在上海证券交易所上市。公司是全球较具规模的综合型油田服务供应商，服务贯穿海上石油及天然气勘探、开发及生产的各个阶段，主营业务分为物探勘察服务、钻井服务、油田技术服务及船舶服务四大类。公司共运营和管理物探勘察船13艘，钻井装备57座（包括36座自升式钻井平台、12座半潜式钻井平台、3座生活平台、6套模块钻机），近海工作船舶130多艘，拥有自主研发的随钻测井、旋转导向、钻井等超过430台套先进的测井、泥浆、定向井、固井和修井等油田技术服务设备。
研发方向	物探勘察服务、钻井服务、油田技术服务及船舶服务
研发人员	2022年，研发人员共1 725人，占公司总人数的11.4%。
专利布局	拥有钻井、测井、压裂、完井等油气田开发方面专利3 394项，其中授权发明专利814项，包括：一种高温二氧化碳缓蚀剂、一种地层测试器的推靠解卡短节及装置、一种钻进式井壁取芯装置、电动减速机导线随动保护结构、一种地层测试方法及地层测试仪、一种水平井压裂完井的管柱及其压裂施工方法等。
融资情况	2007年9月，IPO，67.4亿元，公开发行。

表4-19 中国海洋石油集团有限公司

企业名称	中国海洋石油集团有限公司
企业类型	上市企业、中央企业
基本信息	成立于1982年，总部位于北京市东城区，2001年公司分别在我国香港联交所和美国纽交所上市，2022年在A股上市。公司是中国最大的海上油气生产运营商，主要业务板块包括油气勘探开发、专业技术服务、炼化与销售、天然气及发电、金融服务等，并积极发展海上风电等新能源业务。
研发方向	油气勘探开发、专业技术服务、海上风电等
研发人员	2022年，研发人员共3 012人，占公司总人数的16%。
专利布局	拥有油气钻采、监测、试验等方面专利10 400余项，其中授权发明专利2 957项，包括：一种模拟深水油气水混输实验装置、深水悬链线系泊缆的结构设计优化方法、适于海上油田的压裂返排液的处理方法、一种基于数据挖掘的研究流程自动化测井评价专家系统、一种监测聚合物驱注采井间窜流通道发育的预警方法等。

二、重点科研院所画像

基于海洋工程装备创新链全景图，挑选海工装备基础、海工装备制造和海工装备应用服务 5 家代表性科研院所，即中国船舶科学研究中心、中国船舶及海洋工程设计研究院（708 所）、哈尔滨工程大学、上海交通大学、中国石油大学（华东），并梳理其研发方向、研发人员、研发平台、专利布局等情况。见表 4-20 至表 4-24。

表 4-20　中国船舶科学研究中心

企业名称	中国船舶科学研究中心
企业类型	中国船舶集团公司
基本信息	1951 年建立于上海，1965 年总部搬迁至无锡，设有上海分部和青岛分部。
研发方向	主要从事船舶及海洋工程领域的水动力学、结构力学及振动、噪声、抗冲击抗爆等相关技术方向的应用基础研究，以及高性能船舶与水下工程等创新装备的研究设计与开发。在深海装备技术领域深入开展关键核心技术攻关，取得了以"蛟龙"号、"深海勇士"号、"奋斗者"号等为代表的一大批重大科技成果，引领了我国深海科技的跨越发展。成功研制了掠海地效翼船、小水线面双体船、水翼船、援潜救生设备、Z 型全回转推进器、高速游艇、水上游乐设施、环保型保温棉生产线，以蓝藻打捞与处理，生态清淤装备为代表的水环境治理装备等系列产品，开发了 SHIDS 船舶性能设计系统等专用软件。
研发人员	现有职工人数 1 800 余人，拥有一支以中国工程院院士、国家级突出贡献专家等为带头人的高层次科研、管理、技能的人才队伍。
专利布局	三个国家级重点实验室、两个国家级检测中心、国家能源海洋工程装备研发中心、深海技术科学太湖实验室
融资情况	共申请专利 2 128 项，其中授权发明专利 746 项、发明申请 1 254 项、实用新型 98 项，外观设计 30 项。其中重点专利包括：一种潜用多模块燃料电池热管理系统；一种有源电力滤波器及差模与共模输出信号的合成方法；一种排气管烟囱顶板防水密封装置；一种船舶用能量管理监测装置；配电信息采集装置的抗干扰设计方法等。

表 4-21　中国船舶及海洋工程设计研究院

企业名称	中国船舶及海洋工程设计研究院
企业类型	中国船舶集团公司
基本信息	始建于 1950 年 11 月，位于上海，船舶设计技术国家工程研究中心的依托单位，流体力学和船舶与海洋结构物设计与制造的硕士、博士研究生培养单位。主要业务包括民用船舶、海洋工程装备和船用装备。

续表

研发方向	海洋平台、FPSO、海洋工程辅助船设计
研发人员	目前共有员工近1 600名，其中专业技术人员1 000余名，正高级职称人员近180名，高级职称人员近400名，覆盖20多个专业和学科。现有享受政府特殊津贴在职专家13名，国防科技工业十大创新人物2名，上海领军人才7名，中国造船工程学会"船舶设计大师"7名。
研发平台	海洋工程总装研究设计国家工程实验室、船舶设计技术国家工程研究中心、喷水推进技术重点实验室、上海市船舶工程重点实验室。
专利布局	共申请专利41项，其中授权发明专利10项、发明申请15项、实用新型16项。其中重点专利包括：一种八缆三维物探船尾部物探设备布置、一种隔水管张紧器滑移系统及使用方法、半潜式起重铺管船的船型、一种新概念船型等。

表4-22　哈尔滨工程大学

机构名称	哈尔滨工程大学
隶属关系	工信部
基本信息	源自1953年创办的中国人民解放军军事工程学院（哈军工），1996年被确定为首批"211工程"重点建设高校，2002年经教育部批准设立研究生院，2011年被确定为国家优势学科创新平台项目建设高校，2017年进入国家"双一流"建设行列。学校坚持"三海一核"（船舶工业、海军装备、海洋开发、核能应用）办学方略，为我国船舶工业、核工业、国防现代化和经济社会发展做出了重要贡献，已成为我国船海核领域高水平研究型大学。
研发方向	水下机器人、减振降噪、船舶减摇、船舶动力、组合导航、水声定位、水下探测、核动力仿真、大型船舶仿真验证评估、高性能舰船设计等。
研发人员	现有教职工2 945人，其中专任教师1 916人，具有高级专业技术职务的专任教师1 254人。教师队伍中现有院士7人（含双聘），"全国创新争先奖"获得者4人，各类国家级人才110人次，各类省部级人才120人次。
研发平台	国家重点实验室2个，国家工程实验室1个，国家地方联合工程研究中心1个，"一带一路"联合实验室1个，国家级国际科技合作基地1个，国际联合研究中心2个，教育部前沿科学中心1个，教育部重点实验室、工程研究中心、国际合作联合实验室共8个，高等学校学科创新引智基地6个，工业和信息化部重点实验室15个，重点学科实验室2个，科技工业创新中心1个。 水声技术重点实验室、水下机器人技术重点实验室、复杂动力学与控制科技工业创新中心、复杂动力学与控制科技工业创新中心、船舶与海洋工程技术国际合作联合实验室、深海工程装备技术工业和信息化部重点实验室、海洋特种材料工业和信息化部重点实验室、海洋科学与工程数字技术工业和信息化部重点实验室等。

续表

专利布局	共申请专利 24 271 项，其中授权发明专利 8 177 项、发明申请 14 140 项、实用新型 1 713 项。其中重点专利包括：一种张力筋腱底部连接器及其辅助锁定机构、一种导管架拖航作业智能仿真系统及建模方法、输油管道静电接地状态监测装置、一种水下海洋工程表面用诱导固着生物的砂浆及制备方法、一种半潜式海洋平台总体方案水下辐射噪声评估方法等。

表 4-23　上海交通大学

机构名称	上海交通大学
隶属关系	教育部
基本信息	上海交通大学是我国历史最悠久、享誉海内外的高等学府之一，是教育部直属并与上海市共建的全国重点大学。学校共有 34 个学院／直属系，12 家附属医院，3 个直属研究平台，22 个直属单位，5 个直属企业。 海洋装备研究院成立于 2020 年 3 月，作为学校二级直属单位，面向国家重大需求，积极承载国家海洋科技领域重大任务，推进海洋装备的基础研究和关键核心技术研发，提升创新策源能力。以"兴海强国"为目标，以创新体制机制优势为牵引，有机整合跨学科、跨领域创新资源，着重强化关键核心技术突破，提升我国海洋装备自主设计及研发能力，全力打造"引领型、突破型、平台型"海洋科技创新高地。
研发方向	深海矿产资源开发关键技术、全海深万米无人潜水器 ARV 研制、大功率深远海船舶氢能源动力系统关键技术开发、氨燃料发动机燃烧关键技术研究。
研发人员	学校拥有专任教师 3 700 名；中国科学院院士 28 名、中国工程院院士 26 名，国家重大科学研究计划首席科学家 14 名，国家杰出青年基金获得者 188 名。 海洋装备研究院已有深海重载作业装备研究中心、船舶数字化设计软件研究中心、极地深海技术研究院、海洋先进材料研究中心等 18 个科研团队。
研发平台	船舶与海洋工程国家实验室（筹）、海洋工程国家重点实验室、机械系统与振动国家重点实验室、模具 CAD 国家工程研究中心、轻合金精密成型国家工程研究中心、高新船舶与深海开发装备协同创新中心、水动力学教育部重点实验室、海洋智能装备与系统教育部重点实验室等。
专利布局	共申请专利 64 500 余项，其中授权发明专利 20 806 项、发明申请 37 701 项、实用新型 5 649 项。其中重点专利包括：一种海洋结构物重型模块的弹性支撑限位装置、用于海洋工程动力定位实验的可升降全回转推进装置、海洋深水浮式平台涡激运动模型实验装置、模拟海底管土与剪切流的深海细长立管动力响应测试装置、海洋工程的自落冲埋式固结锚等。

表4-24　中国石油大学（华东）

机构名称	中国石油大学（华东）
隶属关系	教育部
基本信息	教育部直属全国重点大学，是国家"211工程"重点建设和开展"985工程优势学科创新平台"建设并建有研究生院的高校之一。学校是教育部和五大能源企业集团公司、教育部和山东省人民政府共建的高校，是石油石化高层次人才培养的重要基地，现已成为一所以工为主、石油石化特色鲜明、多学科协调发展的大学。2017年、2022年均进入国家"双一流"建设高校行列。
研发方向	矿产普查与勘探、油气井工程、油气田开发工程、化学工艺、油气储运工程等，覆盖石油石化工业的各个领域。
研发人员	现有教师1 700余人，其中教授、副教授1 200余人，博士生导师395人。有两院院士（含双聘）、长江学者特聘教授、国家杰出青年科学基金获得者、国家"万人计划"科技创新领军人才、国家"百千万人才工程"入选者等26人。
研发平台	深层油气全国重点实验室、重质油全国重点实验室、海洋物探及勘探开发装备国家工程研究中心、中国－沙特石油能源"一带一路"联合实验室等41个国家及省部级科研平台。
专利布局	共申请专利20 715项，其中授权发明专利5 733项、发明申请10 536项、实用新型4 259项。其中重点专利包括：海底钻机泥浆循环系统及方法、一种用于深水的表层导管自钻进固井装置及方法、一种海底钻井装置及其海底连续管钻井系统、一种穿梭油轮受油口紧急脱离装置等。

第五章

海上风电产业创新与产业全景图谱

　　海上风电具有风能稳定、发电利用小时数高、基本不受地形地貌影响和适宜大规模开发等优点，且靠近电力负荷中心，便于电网就地消纳，避免了风电的长距离运输等优点。目前海上风电平价窗口临近，开始向主力电源迈进。在双碳背景下，加快发展风电已成为推动能源转型发展的重要路径。

第一节　海上风电产业发展综述

一、发展现状及趋势

全球海上风电产业处于高速成长期。相较陆上风电，海上风电天然优势显著，但海上环境复杂、环境恶劣、维修成本高，海上风电发展起步缓慢，自 2015 年起全球海上风电进入高速发展期。根据全球风能理事会（GWEC）的统计，2022 年全球海上风电新增装机约为 8.8 GW，成为继 2021 年创纪录的最大增量后的历史第二高位。在过去的五年中，全球海上风电的年复合增长率达到了 19.2%，总体保持了向上增长的势头，累计装机达到了 64.3 GW。我国连续第五年成为全球最大的海上风电国家，2022 年新增并网装机容量约 5.1 GW，占全球新增装机总量的一半以上，占全国风电新增并网容量的 13.4%，截至 2022 年年底，我国海上风电累计并网容量达到 30.46 GW。欧洲地区共有六个国家实现了海上风电项目并网，规模共计 2.5 GW。其中，英国继续引领欧洲市场，新增装机规模 1.18 GW。未来，海上风电预计将继续保持快速发展趋势，根据 GWEC 预测，2023—2027 年期间，全球海上风电新增装机总量约为 130 GW。2022 年，全球十家风机制造商共安装了 1 300 台海上风机设备，装机规模约为 10 GW。按照 2022 年海上风电新增装机规模排序，西门子歌美飒（Gamesa）位居第一位，我国共有七家位列全球前十位之内，分别是明阳智能、电气风电、中国海装、远景能源、金风科技、东方电气、中国中车。维斯塔斯（Vestas）、GE 新能源分别位居第四位和第七位。

我国海上风电进入平价时代。在政策的引导和推动下，我国自 2010 年首个大型风电示范项目上海东海大桥海上风电场启动以来，海上风电进入快速成长期。全球风能理事会（GWEC）发布的《海上风电回顾与展望 2023》显示，2022 年，全国在建和并网的海上风电项目超过 35 个，项目规模超过 18 GW。主要分布在广东（52%）、山东

（15.5%）、海南（15%）、浙江（8.2%）、江苏（5.5%）、辽宁（2.5%）、福建（1.6%）。2022年共有7个项目全容量并网，总容量达到3.4 GW，其中广东有3个项目，山东有4个项目。

进入"十四五"后，海上风电项目进入了国家补贴退出的新阶段。2022年新增海上风电不再纳入中央财政补贴范围，海上风电进入平价时代。为保障海上风电平稳向平价上网过渡，各地多出台政策予以支持，截至2022年年末，已有广东、山东、浙江、上海三省一市出台海上风电补贴政策。见表5-1。

表5-1 三省一市海上风电项目补贴政策概况

省份	政策内容
广东省	对2022年、2023年、2024年全容量并网项目每千瓦分别补贴1 500元、1 000元和500元
山东省	对2022至2024年建成并网的项目，由省财政分别按照每千瓦800元、500元、300元的标准给予补贴，补贴规模分别不超过200万千瓦、340万千瓦、160万千瓦
浙江省	2022年和2023年，全省享受海上风电省级补贴规模分别按60万千瓦和150万千瓦控制、补贴标准分别为0.03元/千瓦时和0.015元/千瓦时。项目补贴期限为10年，从项目全容量并网的第二年开始，按等效年利用小时数2 600小时进行补贴
上海市	针对深远海海上风电项目和场址中心离岸距离大于等于50千米近海海上风电项目奖励标准为500元/千瓦，单个项目年度奖励金额不超过5 000万元。适用于上海市2022—2026年投产发电的项目。

海上风电呈现大型化趋势。综合大型海上风机能提供的系统效益以及海上风电实现平价的压力，海上风电机组的规格持续加大。全球海上风电的先行者丹麦人亨利克·斯蒂尔斯达尔（Henrik Stiesdal）预测下一代风机将在2030年之前出现，功率在20 MW左右，叶轮直径达到275米。国外风电整机企业维斯塔斯早在2018年即研发了10 MW海上风机，并于2021年研发了15 MW海上机组，未来功率可提升到17 MW。国内整机厂商海上风电单机容量突破全球水平。2022年年末至2023年年初，单机容量为16 MMW和18 MW风电机组分别下线。目前已研发成功的明阳智能16 MW风机组、金风科技16 MW风机组、上海电气风电8 MW风机组等大容量机组，已陆续交付使用。2022年11月，金风科技和三峡集团合作开发的16 MW海上风电机组在福建三峡海上风电国际产业园成功下线，2023年1月，中国海装自主研制的H260-18 MW海上风电机组研制成功。此外，随着碳纤维叶片、大兆瓦核心零部件技

术突破，海上风电仍存在较大大型化降本空间。

漂浮式海上风电成为深远海海上风电开发重点。世界 80% 的海上风能资源位于水深超过 60 米的海域，漂浮式海上风电技术成为充分发掘全球海上风能资源的深远海海上风电开发方向。与传统的固定于近海海床上的风电机组相比，漂浮式机组可实现在深远海部署的愿景，在获取深远海域稳定优质风电资源的同时，不影响近岸渔业及其他相关产业活动。2021 年 12 月，我国首个漂浮式海上风电平台"三峡引领号"，在广东阳江海上风电场成功并网发电，标志着我国在全球率先具备大容量抗台风型漂浮式海上风电机组自主研发、制造、安装及运营能力。2022 年，由中国海装牵头自主研发的深远海浮式风电设备"扶摇号"6.2 MW 完成总装，并在水深 65 米的广东湛江罗斗沙海域进行示范应用。2023 年年初，中海油"海油观澜号"浮式机组下线，5 月成功并网发电，这是我国深远海风电开发的关键一步，是我国风电开发从浅海走向深远海的坚实基础。

二、"十四五"布局

"十四五"时期，海上风电平价时代已到来，我国的政策重点从补贴新建海上风电项目转向加快制定海上风电开发技术标准，推动深远海、漂浮式海上风电的建设。我国于 2022 年颁布的《关于促进新时代新能源高质量发展的实施方案》《工业领域碳达峰实施方案》等多项政策均表明，海上风电产业将是我国未来实现双碳目标的关键性产业之一，国家会大力支持海上风电装备技术水平的提升与突破。

《"十四五"可再生能源发展规划》提出，优化近海海上风电布局，开展深远海海上风电规划，推动近海规模化开发和深远海示范化开发，重点建设山东半岛、长三角、闽南、粤东、北部湾五大海上风电基地集群。"十四五"期间，各地出台的海上风电发展规划规模已达 8 000 万千瓦，到 2030 年累计装机将超过 2 亿千瓦。这一规划的目的是为了推动可再生能源的发展，减少对传统能源的依赖，实现能源结构的转型升级。海上风电作为一种清洁、可再生的能源形式，具有较大的潜力和发展空间。

综合国家规划、国内主要沿海省市"十四五"海洋经济发展规划、科技创新规划、海洋强省建设专项规划、电力发展规划，《山东省 2022 年"稳中求进"高质量发展政策清单（第二批）》《上海市可再生能源和新能源发展专项资金扶持办法（2020版）》、广东省《促进海上风电有序开发和相关产业可持续发展的实施方案》《广西能源发展"十四五"规划》等政策文件，梳理了国家及主要沿海省市"十四五"海上风电产业发展目标、重点项目、支持方向和补贴政策，形成了国家及主要沿海省市"十四五"海上风电产业发展布局情况表（表5-2）。

表5-2 主要沿海省市"十四五"海上风电产业发展布局情况表

项目 政策文件	目标	重点项目	支持方向
《国家"十四五"可再生能源发展规划》	"十四五"期间，可再生能源发电量增量在全社会用电量增量中的占比超过50%，风电和太阳能发电量实现翻倍。	重点建设山东半岛、长三角、闽南、粤东、北部湾五大海上风电基地集群；推进深远海上风电平价示范；推进海上能源岛示范；逐步实现海上风电与海洋油气产业融合发展。	推动近海规模化开发和深远海示范化开发，支持大容量风电机组由近及远应用，开展海上新兴漂浮式基础风电机组示范，提升海上风电柔性直流输电技术。
《辽宁省"十四五"海洋经济发展规划》《辽宁省"十四五"科技创新规划》	到2025年力争海上风电累计并网装机容量达到4.05 G瓦。	推进海上风电集中连片、规模化开发，加快推进大连海上风电场建设，开展深远海海上风电技术创新和示范应用研究。发展海上风电输电创新技术，建设海上风电场配套电力输出工程。	重点开展15-20 MW级风电机组整体及关键部件技术开发，优先支持开展大功率海上风电机组、低风速风电机组及关键材料零部件的研发制造，突破漂浮式风力发电机技术瓶颈。研制海上风电集群运控并网系统等成套集成装备。
《天津市可再生能源发展"十四五"规划》《天津市海洋经济发展"十四五"规划》	到2025年，风电装机规模达到2 G瓦。加快推进远海90万千瓦海上风电项目前期工作。	优先发展离岸距离不少于10千米、滩涂宽度超过10千米时海域水深不少于10米的海域，加快推进远海90万千瓦海上风电项目前期工作；积极协调突破政策瓶颈，推动防波堤等近海风电开发。支持海上风电与海洋牧场等融合开发，探索海上风电制氢。	重点发展高效风力发电机组，提高海上风机高品质轴承、齿轮箱、控制系统以及高压电缆等关键部件制造能力，突破海上风电自安装技术，提升海上风电大容量机组向规模化、智能化和高端化发展。

续表

项目 政策文件	目标	重点项目	支持方向
《山东海上风电发展规划（2021—2030年）》《山东省"十四五"海洋科技创新规划》《山东省"十四五"海洋经济发展规划》	到 2025 年，全省海上风电力争开工 10 G 瓦、投运 5 G 瓦。	风电装备：烟台风电主轴轴承项目，山东豪迈 6-12 MW 海洋大功率风电装备关键部件研发及产业化项目，山东润龙大功率风电高端装备制造产业基地； 风电能源：国家电投山东半岛南 3 号海上风电项目，华能山东半岛南 4 号海上风电项目，渤中、半岛北、半岛南海上风电基地首批项目，烟台远景能源海上风电装备制造中心项目，威海乳山风电装备制造产业基地，潍坊寿光 400 MW 渔光互补光伏发电项目。	谋划推进海上风电基地建设，聚焦渤中、半岛北、半岛南三大片区，推进海上风电集中连片、深水远岸开发应用示范，打造千万千瓦级海上风电基地和千亿级山东半岛海洋风电装备制造产业基地。
《江苏省"十四五"海洋经济发展规划》《江苏省"十四五"可再生能源发展专项规划》	到 2025 年年底，全省海上风电并网装机规模达到 1.4 G 瓦，力争突破 1.5 G 瓦。	加快推进盐城、南通、连云港等地存续海上风电项目建设，实现盐城、南通、连云港等地主要存续海上风电项目全容量并网，形成近海千万千瓦级海上风电基地。	重点开展 15-20 MW 级风电机组整体及关键部件技术开发，优先支持开展海上风电集群运控并网系统等成套集成装备、大功率海上风电机组、低风速风电机组及关键材料零部件的研发制造。
《上海市海洋"十四五"规划》《上海市能源发展"十四五"规划》	积极推进百万千瓦级深远海域风电示范试点，力争新增风电装机规模 1.8 G 瓦。2025、2030 年全市风电装机力争分别超过 2.62 G 瓦。	近海风电重点开发奉贤、南汇、金山三大海域，深远海风电重点布局在崇明以东海域。重点建设南汇 60 万千瓦海上风电场，长江口外北部、长江口外南部、杭州湾及深远海域海上风电基地。	研制具有自主知识产权的 10 兆瓦级及以上海上风电机组和关键部件。海上风电用海生态影响后评估。

续表

项目 政策文件	目标	重点项目	支持方向
《浙江省海洋经济发展"十四五"规划》《浙江省科技创新发展"十四五"规划》《浙江省可再生能源发展"十四五"规划》	到 2025 年,力争全省海上风电装机容量达到 5GW,打造近海及深远海海上风电应用基地。	打造 3 个以上百万千瓦级海上风电基地,新增海上风电装机 4.55GW 以上。重点建设嵊泗 2#、嵊泗 5#、嵊泗 6#、象山 1#、苍南 1#、苍南 4# 等项目	加强海上风机关键技术攻关,加强风电工程服务,有序发展海上风电。
《福建省"十四五"科技创新发展专项规划》《福建省"十四五"能源发展专项规划》	稳妥推进深远海风电项目,增加并网装机 4.1 GW,新增开发省管海域海上风电规模 10.3 GW,力争推动深远海风电开工 4.8 GW。	东山湾国家级深远海海上风电装备制造基地,福州江阴海上风电产业园、漳州漳浦海上风电装备产业基地;福州长乐外海海上风电、莆田平海湾海上风电、漳浦六鳌海上风电接入电网工程;推进霞浦海上风场工程、漳州深远海海上风电基地、闽南外海浅滩深远海海上风电基地建设工程;东方电气福建创新研究院	做大、做强上游海上风电机组、叶片、液压打桩锤及嵌岩机等风电相关设备的设计、研发和制造,以及下游海上风电大部件更换运维平台、运维系列船舶等海上风电运维和服务,推动风电产业从装备制造到运维服务全产业链发展。
《广东省能源发展"十四五"规划》、广东省人民政府办公厅关于印发《促进海上风电有序开发和相关产业可持续发展的实施方案》《广东省海洋经济发展"十四五"规划》	十四五新增海上风电装机容量约 1.7 GW。到 2025 年年底,全省海上风电累计建成投产装机容量力争达到 1.8GW,全省海上风电整机制造年产能达到 900 台/套。	规模化开发海上风电,推动项目集中连片开发利用,打造粤东、粤西千万千瓦级海上风电基地。推动汕尾甲子一、甲子二,惠州港口二 PA、港口二 PB,揭阳神泉二、靖海,汕头海门(场址一)、海门(场址二、场址三)、勒门(二)、洋东等项目,以及阳江近海深水区青洲、帆石场址项目和其他新增纳入规划的省管海域项目开工建设。	重点引进或鼓励收购新型材料、主轴承、齿轮箱、海上升压站、施工船机运维设备等产业链企业。组织开展风机基础型式、漂浮式风机基础、柔性直流送出、发电侧配套储能等研发。重点发展抗极端热带气旋大兆瓦漂浮式风电机组整机研制、中压直流风电机组及直流输电等海上风电技术。

续表

政策文件 ＼ 项目	目标	重点项目	支持方向
《广西科技创新"十四五"规划》《广西能源发展"十四五"规划》	"十四五"期间，全区核准开工海上风电装机7.5G瓦，力争新增并网装机3G瓦。	打造北部湾海上风电基地。重点推进北部湾近海海上风电项目开发建设，共规划海上风电场址25个。积极推动深远海上风电项目示范化开发。统筹规划外送输电通道建设。	加快大型风电机组、深远海域海上风电等先进清洁发电技术应用。开展海上风电集群大规模送出、柔性电网装备等先进输电技术应用。推进适于广西北部湾的海上风电配套装备；完善广西海上风电大数据中心
《海南省风电装备产业发展规划（2022—2025）》《海南省海洋经济发展"十四五"规划（2021~2025年）》	到2025年打造海上风电500亿级产业链，实现投产规模约120万千瓦，总装机容量3G瓦。	在东方西部、文昌东北部、乐东西部、儋州西北部、临高西北部50米以浅海域优选5处海上风电开发示范项目场址。争取到2025年建成儋州洋浦、东方海上风电装备制造基地，基本形成风电装备产业集群，全球最大商业化漂浮式海上风电项目－海南万宁漂浮式海上风电项目规划总装机容量1GW。	将"十四五"期间海南风电装备产业划分为四个阶段，形成专业服务、整机制造、配套设备、施工运维等全产业链，建成海上风电装备制造业创新中心、海南深远海能源技术研究中心、海上风电试验基地、海上风电数字信息管理平台。

第二节 海上风电产业链分析

海上风电产业链上游包括叶片、轴承、齿轮箱等风机零部件制造，中游是风电整机、海缆、升压站及变流器等制造，下游主要是风电场运营运维及服务。见图5-1。

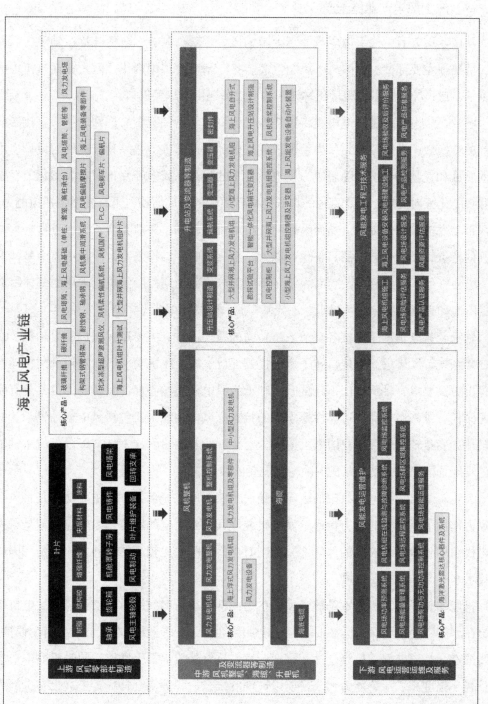

图 5-1　海上风电产业链

一、海上风电产业链上游

从产业链来看，海上风电产业链上游为风机零部件制造，包括叶片、轴承、齿轮箱、塔架等主要部件。我国海上风电重大装备已基本实现国产化，但大兆瓦风机中的主轴承、超长叶片所需的轻量化材料等关键设备还主要依赖进口。

叶片。风电叶片是风电机组将风能转化为机械能的关键核心部件之一，直接影响风能的转换效率。叶片作为风力发电机的基础和关键部件，必须具有良好的设计、可靠的质量和优越的性能，随着风力发电机功率的提高，风电叶片正朝着大型化、轻量化和智能化方向发展。叶片直径的增长意味着更大的扫风面积，可有效增强捕风能力，从而带动发电效率的提升。然而大型叶片技术难度较高，需兼具叶片大、重量轻、强度高的特点，只有少数厂商具备量产能力。从风电叶片结构来看，叶片主要由基体材料、增强纤维、夹层材料、表面涂料及不同部分之间的结构胶组成。常用的基体材料包括不饱和聚酯树脂、环氧树脂、乙烯基树脂和聚氨酯等各型树脂。

轴承。风电轴承是连接各环节系统转向的重要部件，主要用在风机的齿轮箱、偏航变桨系统、风塔塔筒连接、转子房连接等部位。海上风机功率增加对轴承耐损耗性能提出更高要求，轴承价值不断提升。轴承为风电机组核心部件及薄弱部位，具有使用寿命长、维修费用高、可靠性要求高的特点。风电轴承主要包括风电主轴轴承、偏航轴承、变桨轴承。目前我国风机偏航、变桨、发电机轴承及 3 MW 级以下的主轴轴承已实现了国产化，但大兆瓦主轴轴承主要依赖进口。

齿轮箱。风力发电机组中的齿轮箱是一个重要的机械部件，其主要功用是将风轮在风力作用下所产生的动力传递给发电机并使其得到相应的转速。风电齿轮箱是风力发电机组中技术含量较高的部件之一，同时也是故障率比较高的部件之一，是我国风电技术水平提升的主要瓶颈。

机舱罩转子房。机舱罩是覆盖发电机组内部的设备电气组件，使得风力发电机组能够在恶劣的气象环境中正常工作。对其强度和刚度的要求比较高，同时要有耐候性、抗腐蚀性、抗温差性、抗衰老性、抗疲劳性、抗紫外线辐射等性能。同时机舱罩要求重量轻、强度高、承载能力大，目前以玻璃纤维、树脂等复合材料为主，也有少部分是金属材料。

风电铸件。风电铸件是专用于风机的特殊铸件，主要包括箱体、扭力臂、轮毂、壳体、底座、行星架、主框架、定动轴、主轴套等，主要起着支撑、保护和传动的作用。风电铸件环节国产化率高，市场集中度高：我国铸件生产规模巨大，产量多年居世界首位。风电铸件方面，全球风电铸件80%以上产能集中在我国，其余20%产能主要位于欧洲和印度。

风电塔架。风机塔架是风力发电机的支撑结构，同时吸收风电机组震动。作为风电机组和基础环（或桩基、导管架）间的连接构建，传递上部数百吨重的风电机组重量，也是实现风电机组维护、输变电等功能所需重要部件。其内部有爬梯、电缆梯、平台等内部结构，以供风电机组的运营及维护使用。水平轴风力机塔架分为管柱型和行架型两类。

风电主轴轮毂。轮毂是风轮的重要组成部分，联接叶片与主轴，其作用是承受风力作用在叶片上的推力、扭矩、弯矩及陀螺力矩，然后将风轮的力和力矩传递到机构中去。轮毂是结构特殊、形状复杂、体积大（单件重约10吨）、加工难度大、加工质量风险特别高的零件。

风电制动。风电制动是风力发电机组的"刹车系统"，是风力发电机组中不可或缺的配套装置，风电制动的主要作用是风力发电机组在超风速、故障排除及日常维护等工况下的停机制动，是保证风电机组长期无人值守条件下安全运行的关键终端执行部件，主要包括高速轴制动器、偏航制动器、转子制动器、液压锁销和液压站等。

叶片维护装备。风电运维主要是指风电机组的定期检修和日常维护。运维作业涉及的关键装备包括风电运维平台、运维交通船、波浪补偿舷梯等，风电运维平台的主要作业工程包括风机的支撑塔架、机舱及叶片的维修及更换工作；运维交通船是海上风电场施工、运行和维护的主要交通工具，起到平台载体的作用；波浪补偿舷梯主要包括补偿机构的六自由度补偿能力、可伸缩舷梯的伸缩能力和俯仰能力、舷梯的承重载荷能力。

回转支承。回转支承是一种大型轴承，属于风电机组的核心部件，主要用于变桨和偏航系统，受载复杂，且拆装维护非常困难，因此风电回转支承的设计和制造要求严格。一旦回转支承发生故障，将直接影响风力发电机的工作性能，甚至造成停机。

二、海上风电产业链中游

从产业链来看，海洋风电产业链中游为风电整机、海缆、升电机及变流器等制造，其中机组主控系统核心部件 PLC、高速齿轮箱等零部件仍一定程度上依赖进口，致使国产整机产能受限、成本下降缓慢。

风电整机。风电整机是由叶片、发电机、传动系统、控制系统、结构件（叶轮、机场、轮毂、底座）等零部件集成而来。全球风力发电机组主要有 4 种类型，分别是双馈异步、高速鼠笼异步、永磁直驱和永磁半直驱同步电机。风电机组按照发电机结构和工作原理分为异步电机和同步电机。其中，异步电机又分为高速鼠笼异步电机和双馈异步电机，同步电机分为直驱永磁同步和半直驱永磁同步电机。目前全球主流整机厂商主要采用双馈异步、永磁直驱和永磁半直驱三种技术路线。目前全球领先的外资整机厂商和零部件制造商，多数为丹麦或者德国企业。不过，我国通过"乘风计划"、国家科技攻关计划、"863"计划等相关项目支持，使得我国在风电装备全产业链形成竞争力。目前国内风电整机商能够实现自给自足，部分国内生产厂商的技术水平已经达到国际标准水平，风电整机国产替代有利于减少对外依存度，也有助于降低产品价格和风电场建设。

海缆。海缆全称海底电缆，主要指敷设于水下环境，用于传输电能的线缆。海底电缆是用绝缘材料包裹的电缆，其安全可靠运行对海上风电场的安全运行至关重要。海上风电场所使用的海底电缆为中低压集电线路海底电缆和高压送出海底电缆两部分，海上风机所发电力需要通过海底电缆输送到陆地，电力通常先由中低压海缆输送到海上升压站平台，再经过变压器升压后，通过高压海缆输送到陆地。海缆生产工艺复杂、技术要求高、认证周期长以及区位要求严格等构筑了海缆环节的高壁垒。海缆行业呈现寡头局面，行业壁垒高，行业格局较为稳定。海缆行业龙头为中天科技，2019 年该企业市占率达到 44%，行业第二、第三为汉缆股份和东方电缆，市占率分别为 29% 和 20%，行业前 3 合计市占率达到 97%。

升压站。海上升压站是海上风电场送电的枢纽，用于汇集海上风机产生的电能抬升输出电压、降低输电损害，是海上风电场的电能汇集中心，它的可靠、安全运行对整个海上风电场起着非常重要的作用，被誉为整个风电场的"心脏"。由于在恶劣的海洋环境条件下施工安装、运行和维护等特点，决定了海上升压站有别于陆地升压站的众多特殊问题。国际上尚无专门的海上升压站标准或规范，挪威船级社标准主要针对海上升压站平台结构，涉及变电站电气方面的内容很少，国际大电网组织 CIGRE 正在开展海上升压站电气设计导则的起草工作。国内海上石油平台上的 10-35 kV 变电站实际上是中压配电装置，其设计标准和设计寿命远达不到海上风电场电源侧高压升压站的要求，虽然某些设计可以借鉴，但大部分无法直接引用。

变流器。变流器是风电机组不可缺少的能量变换单元，通过整流、逆变原理将不稳定的风电变换成为电压、频率、相位符合并网要求的电能的控制装置，是整个电气系统的控制中枢，直接影响着发电效率、低电压穿越等电气参数和功能，并且与风机主控制器实时交互多种数据。变流器具有定制化特征，生产所需原材料品类多、规格型号复杂。一般来说，变流器由控制电路板（PCBA）、功率模块、断路器、接触器、滤波器、电抗器、变压器及机柜等组成。由于海上风电变流器对产品功率、可靠性、稳定性以及抗高湿高盐雾性能的要求更为苛刻，技术壁垒极高。我国海上风电使用的主要还是国际大型电气公司的变流器产品。

三、海上风电产业链下游

从产业链来看，海洋风电产业链下游为风电运用运维及服务，包括风能发电运营维护和风能发电工程与技术服务。

风能发电运营维护。海上风电的快速发展，风机的大型化，深水海上布局，浮式风机的应用，对海上风电的运维提出了新的挑战，现有运维数据显示，在相同装机容量下，海上风电的运维成本超过陆上风电的两倍，海上风电的运维成本占其发电成本的 1/4 以上。目前海上风能发电运维相关系统和服务主要包括风电场功率预测系统、风电机组在线监测与故障诊断系统、风电场监控系统、风电场能量管理系统、风电场远程监控系统、风电场群区域集控系统、风电场有功与无功功率控制系统、风电场智能运维服务等。海上风电运营维护相关核心产品为海洋激光雷达核心器件及系统，激光雷达是一种比较成熟的遥感技术，主要是用发射脉冲光束，对气象、海浪、潮汐和风向等风电产业所需数据进行测量，通过在海上风电场的风能资源的评估和运行维护上应用，尤其是在功率曲线验证和尾流监测上，可以对风机功率表现实现快速评估和诊断，以此降低运行维护成本。

风能发电工程与技术服务。主要包括海上风电机组施工、海上风电设备安装、风电场建设施工、风电场验收及后评价服务、风电场风险评估服务、风电场设计服务、风电产品检测服务等。其中风电场风险评估服务主要指围绕风电场潜在面临的台风、海啸、火灾、雷击等风险的评估。风电产品检测服务主要分风电行业产品检测和风电设备材料检测，风电行业产品检测即对使用于风电塔台建设、安装及风电设备制造和维修的金属材料、零部件、备品备件等进行质量检测或复验；风电设备材料检测主要包括对风电设备制造如塔筒原材料、焊材等产品复验及焊接工艺评定，对风电安装工程如塔筒、焊材、紧固件等产品复验及焊接工艺评定，对风电运行设备检修如备品备件复验、失效分析，对风电关联企业相关计量仪器校准等。风电产品认证服务主要指风电机组设计认证、项目认证、部件认证、型式认证、制造认证和出厂认证等。风能资源评估服务主要开展风能资源的测量和评估，其结果直接影响风电场选址以及发电量预测，最终反映为风电场建成后的实际发电量，目前主要方法有现场测量和计算机模拟等。

第三节　海上风电产业大数据概览

一、企业数量

截止到 2022 年年底，共监测到风电相关企业 2 580 家，其中上游企业超过 1 324 家，中下游企业 1 256 家。在碳中和背景下，近 10 年海上风电相关企业数量年均增速为 21%，平均每年增长 228 家，企业数量呈现大幅增长态势。见图 5-2。

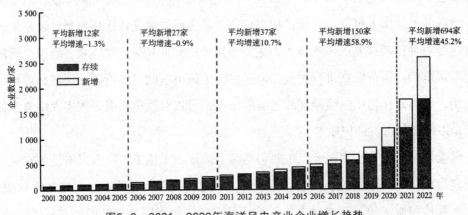

图5-2　2001—2022年海洋风电产业企业增长趋势

从企业规模看，海上风电产业企业规模较大，注册资本相对较高，注册资本1 000万以上的企业占企业总数的48.3%，其中，企业注册资本以1 000万~5 000万为主，占26.6%，5 000万~1亿元企业占8.3%，1亿元以上企业占13.4%。海洋工程装备产业注册资本前10的企业主要集中在北京。见表5-3。

表5-3 海上风电产业注册资本前10企业

序号	企业名称	成立时间	注册资本（亿元）	所在城市	相关业务
1	中国三峡新能源（集团）股份有限公司	1985	285.7	北京	风电运营与服务
2	华能新能源股份有限公司	2002	105.6	北京	风电运营与服务
3	中车株洲电力机车研究所有限公司	1992	84.5	株洲	风机整机、风电运营维护
4	龙源电力集团股份有限公司	1993	80.4	北京	风电运营与服务
5	哈电风能有限公司	2006	42.7	湘潭	风力发电机组
6	新疆金风科技股份有限公司	2001	42.2	乌鲁木齐	风电整机
7	国电联合动力技术有限公司	1994	38.7	北京	风电整机
8	国家能源集团东台海上风电有限责任公司	2020	27.6	盐城	风电运营与服务
9	明阳智慧能源集团股份公司	2006	22.7	中山	风电整机
10	重庆齿轮箱有限责任公司	2013	22	重庆	齿轮箱

二、招聘情况

2018年监测以来，海上风电产业相关企业的薪酬水平总体处于增长趋势。2018—2022年招聘月薪分别为6 704元、6 082元、6 943元、9 516元和10 478元。2022年海洋风电产业招聘月薪同比增长10.1%，高于整个海洋新兴产业入职平均月薪。其中，招聘数量最多的10家企业有大金重工、江苏中天科技、天津华建天恒、三峡新能源等。主要分布在辽宁阜新、南通、天津、北京等城市。详见表5-4。

表 5-4　2018—2022 年海上风电产业招聘数量前 10 企业

序号	企业名称	招聘薪酬（元）	所在城市	相关业务
1	蓬莱大金海洋重工有限公司	10 499	烟台	风力发电塔架及基础制造
2	大金重工股份有限公司	6 027	阜新	套筒、塔架、升电站变流器
3	天津华建天恒传动有限责任公司	6 083	天津	齿轮箱
4	中国三峡新能源（集团）股份有限公司	8 422	北京	风电运营与服务
5	福建永福电力设计股份有限公司	7 126	福州	风电投资运营
6	风润智能装备股份有限公司	5 879	西安	主轴、轮毂、轴承底座、偏航制动盘支撑等
7	南通泰胜蓝岛海洋工程有限公司	5 655	南通	升压站、导管架、钢管桩、塔筒等
8	中国船舶重工集团海装风电股份有限公司	7 119	重庆	风电整机、塔筒、运维服务
9	中交上海港湾工程设计研究院有限公司	11 256	上海	风电基础结构、材料、工艺及安全监控
10	江苏京冶海上风电轴承制造有限公司	4 239	盐城	风电轴承

三、融资

2018—2022 年，海上风电产业共有 43 家企业发起融资 62 余次，披露融资金额超过 516 亿元。其中，2022 年海洋新兴产业共有 8 家企业发起公开融资 9 次，披露融资金额超过 117 亿元，相比 2021 年融资企业数量减少 13 家，融资次数减少 59%。

2018 年以来，中国三峡新能源（集团）股份有限公司、中海油能源发展股份有限公司、江苏海力风电设备科技股份有限公司通过 IPO 上市，融资金额分别为 227 亿元、38 亿元、22.7 亿元。2022 年 8 家获得融资的企业中，开发海上风电机组的高科技企业——三一重能股份有限公司，2022 年获得 IPO 融资，金额 56 亿元。江苏长风海洋装备制造有限公司被天顺风能收购，收购金额为 30 亿元。风电装备企业——辽宁大金重工股份有限公司主板定向增发融资 30.66 亿元。如图 5-3 所示。

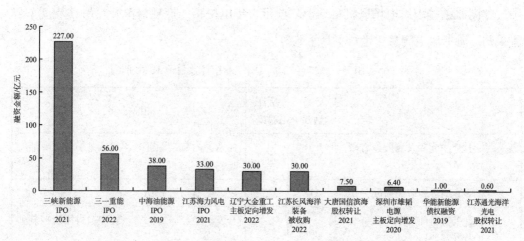

图5-3　2018—2022年海上风电产业融资金额数TOP10企业

四、招投标

监测数据显示，2018年以来我国海上风电产业招标市场日趋活跃。2018—2022年招标数量分别为1 612项、823项、1 473项、2 881项和5 186项，五年年均增长33.9%。2022年，共监测约104家风电企业发布的招标项目5 186项，招标企业数量较2021年增加14.3%，招标数量是上年的1.8倍。其中，中海油能源发展股份有限公司、华能新能源股份有限公司、重庆科凯前卫风电设备有限责任公司招标数量位居前列，见表5-5。招标项目主要涉及高速风电运维船投资可行性研究、深水大容量风电安装船建造可行性研究、深远海浮式风电国产化研制及示范应用项目、钣金件（海上10 MW）、风电专用CAN线连接器、华能新能源公司2023—2025年明阳216台风电机组日常维护、定检工程框架等。

中标市场稳步增长，2018—2022年中标总量为340项，年度数量分别为28项、47项、95项、58项和112项，五年年均增长41.4%，其中，国电联合动力技术有限公司中标104项，占总量的30.6%，埃斯倍风电科技（青岛）有限公司中标14项，占总量的4%，青岛中天斯壮科技有限公司中标9项，占总量的2.6%，其他企业中标较少。2022年，共监测83家风电企业发布的中标项目112项，中标企业数量较2021年增加261%，中标数量增长93%。其中，国电联合动力技术有限公司中标11项，埃斯倍风电科技（青岛）有限公司中标7项、上海风领新能源有限公司中标2项。五年来主要中标项目有龙海古风电项目风力发电机组设备采购、风机变桨系统超级电容改造、中广核湖北柏杨坝风电场风机自动消防项目、华电松柏二期项目单叶片吊具及盘车装置采购、海上风电智慧化运行平台采购等。

表5-5　2018—2022年海上风电产业招标数量前10企业

序号	企业	招标数量	所在城市	相关业务
1	中海油能源发展股份有限公司	2 508	北京	建造国内首个深远海浮式风电平台"海油观澜号"
2	华能新能源股份有限公司	418	北京	风电运营与服务
3	重庆科凯前卫风电设备有限责任公司	381	重庆	开发、生产、加工、组装和销售风机控制系统
4	龙源电力集团股份有限公司	339	北京	风电运营与服务
5	国电联合动力技术有限公司	219	北京	风电运营与服务
6	三峡新能源海上风电运维江苏有限公司	126	盐城	风电运营与服务
7	江苏海上龙源风力发电有限公司	128	南通	风力发电场、风电场勘测与设计
8	广东粤电阳江海上风电有限公司	94	阳江	海上风电项目的设计、开发、投资、建设及运营管理
9	福建龙源海上风力发电有限公司	61	莆田	投资、建设及运营风力发电场
10	中交三航（南通）海洋工程有限公司	60	南通	海上风电机组施工，海上风电设备安装

五、专利创新情况

监测数据显示，2018—2022 年，海洋风电产业专利申请数量稳步增长，分别为2 068 件、2 370 件、2 642 件、3 290 件、3 793 件，五年年均增长 16.4%。2022 年共有 205 家企业申请发明专利 3 793 件，企业数量较 2021 年增加 5 家，发明专利申请数量较上年增长 15.3%。其中，中海油能源发展股份有限公司、江苏中天科技股份有限公司、华能新能源股份有限公司的发明专利申请数量位居前三位。

2018—2022 年，海洋风电产业专利授权数量增长较快，分别为 929 件、911 件、1 010 件、1 238 件和 1 744 件，五年年均增长 17.1%。2022 年较 2021 年增长 40.9%，其中，中海油能源发展股份有限公司、江苏中天科技股份有限公司、华能新能源股份有限公司发明专利申请数量位居前三位。重点专利有风电一体化井口平台及其施工方法、用于海上风电的打桩降噪装置、海上风电基础用的抛石防冲刷施工工艺、基于蒙特卡洛运行维护模拟的海上风资源评估方法、基于柔性运动海上风电机组平台摇荡数值模拟方法、基于码头系泊的漂浮式风机的半潜平台运动幅值控制方法、海上风电机组、海上风电机组基础及其安装方法等。

2018—2022 年，海上风电产业专利转化数量总体呈增长态势，五年年均增长16.4%。2022 年转化 88 件，比 2021 年减少 38.5%。2022 年专利转化数量较多的企业有江苏远洋东泽电缆股份有限公司、江苏中天科技股份有限公司、华能新能源股份有限公司，转化数量在 30~86 件之间。重点转化专利有海上风电海缆出 J 型管保护装置、狭管聚风风力发电用叶轮组件、双涵道轴流式风力发电系统、风力发电机组转矩脉动优化设计方法、基风电场技术可开发量计算方法及系统、根据风况预测齿轮箱寿命的系统、迁徙式自动纠偏单桩抱桩器施工机构以及施工方法等。见图 5-4，表 5-6、表 5-7。

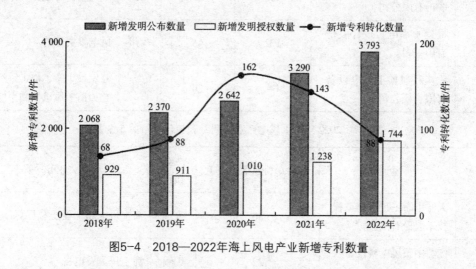

图5-4 2018—2022年海上风电产业新增专利数量

表5-6 2018—2022 年海上风电产业发明专利申请和授权数量 TOP10 企业

序号	企业	发明专利申请量（件）	发明专利授权量（件）	所在城市	相关业务
1	中海油能源发展股份有限公司	2 224	920	北京	建造国内首个深远海浮式风电平台"海油观澜号"

序号	企业	发明专利申请量（件）	发明专利授权量（件）	所在城市	相关业务
2	华能新能源股份有限公司	574	78	北京	风电运营与服务
3	中国船舶重工集团海装风电股份有限公司	490	210	重庆	风电整机、塔筒、运维服务
4	三一重能股份有限公司	474	256	北京	智能风电机组、风电叶片、风场开发、运营与服务
5	中天科技海缆股份有限公司	270	90	南通	海底电缆
6	南通泰胜蓝岛海洋工程有限公司	112	86	南通	升压站、导管架、钢管桩、塔筒等
7	张家港中环海陆高端装备股份有限公司	84	52	张家港	轴承、法兰等风电零部件
8	中国三峡新能源（集团）股份有限公司	150	36	北京	风电运营与服务
9	福建永福电力设计股份有限公司	122	48	福州	风电投资运营
10	重庆科凯前卫风电设备有限责任公司	60	20	重庆	开发、生产、加工、组装和销售风机控制系统

表 5-7　2022 年海上风电产业发明专利转化数量前 5 企业

序号	企业	转化专利数量（件）	所在城市	相关业务
1	天津市海王星海上工程技术股份有限公司	30	天津	海上风电场工程技术开发
2	江苏中蕴风电科技有限公司	22	无锡	海上风力发电机
3	中国船舶重工集团海装风电股份有限公司	20	重庆	风电整机、塔筒、运维服务
4	中海油能源发展股份有限公司	14	北京	建造国内首个深远海浮式风电平台"海油观澜号"
5	三一重能股份有限公司	14	北京	智能风电机组、风电叶片、风场开发、运营与服务

六、区域分布

监测数据显示，海上风电企业主要集中在江苏、山东、广东、浙江、福建、辽宁、海南、天津、上海等沿海省份，9个省份企业数量共计1 865家，占企业总量的72.3%。其中江苏和山东、广东海洋风电企业数量最多，分别为433家、366家和315家，占企业总量的16.8%、14.2%、12.2%，合计占比近半数。浙江、福建、辽宁、海南、天津、上海企业数量占比在3%~7%之间。见图5-5。

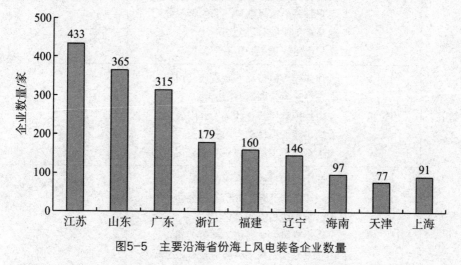

图5-5　主要沿海省份海上风电装备企业数量

第四节　海上风电创新链和产业链布局

基于海上风电产业链分析和产业大数据分析结果，综合企业的主营业务、专利数据、融资信息、招投标信息等，形成国内海上风电产业链上、中、下游主要环节的代表性企业。此外，通过行业报告、文献检索等渠道，查到国内海上风电产业链上、中、下游主要环节的科研机构较少，详见表5-8。

表5-8　海上风电产业链和创新链全景图

一级分类	二级分类	主要企业	主要科研院所
风机零部件制造	叶片	中材科技风电叶片股份有限公司 中复连众风电科技有限公司 上海艾郎风电科技发展（集团）有限公司 天顺风能（苏州）股份有限公司 株洲时代新材料科技股份有限公司	国家能源风电叶片研发中心 华翼风电叶片研发中心

续表

一级分类	二级分类	主要企业	主要科研院所
风机零部件制造	主轴/轴承	洛阳新强联回转支承股份有限公司 张家港中环海陆高端装备股份有限公司 洛阳LYC轴承有限公司 瓦房店轴承股份有限公司 风润智能装备股份有限公司 山东莱芜金雷风电科技股份有限公司 通裕重工股份有限公司 江阴市恒润重工股份有限公司	
	齿轮箱	天津华建天恒传动有限责任公司 南京高速齿轮制造有限公司 德力佳传动科技（江苏）有限公司 天津华建天恒传动有限责任公司 大连华锐重工集团股份有限公司	
	塔筒、塔架	江苏中天科技股份有限公司 天顺风能（苏州）股份有限公司 大金重工股份有限公司 上海泰胜风能装备股份有限公司 山东莱芜金雷风电科技股份有限公司 江苏海力风电设备科技股份有限公司 青岛天能重工股份有限公司	
风机整机、海缆、升电站等制造	风电整机	新疆金风科技股份有限公司 明阳智慧能源集团股份公司 中国船舶重工集团海装风电股份有限公司 中国东方电气集团有限公司 远景能源有限公司 国电联合动力技术有限公司 中车株洲电力机车研究所有限公司 上海电气风电集团股份有限公司 浙江运达风电股份有限公司 三一重能股份有限公司 中国东方电气集团有限公司 江苏中天科技股份有限公司 哈电风能有限公司	国家能源海上风电技术装备研发中心 福建省新能海上风电研发中心有限公司
	海缆	中天科技海缆股份有限公司 宁波东方电缆股份有限公司 青岛汉缆股份有限公司	

续表

一级分类	二级分类	主要企业	主要科研院所
风机整机、海缆、升电站等制造	升电站变流器	海洋石油工程（青岛）有限公司 深圳市禾望电气股份有限公司 上海泰胜风能装备股份有限公司 大金重工股份有限公司 太重（天津）滨海重型机械有限公司 浙江日风电气股份有限公司	
风电运营运维及服务	风能发电运营维护	中车株洲电力机车研究所有限公司 上海电气风电集团股份有限公司 浙江运达风电股份有限公司 三一重能股份有限公司 中国东方电气集团有限公司 江苏中天科技股份有限公司 哈电风能有限公司 华能新能源股份有限公司 龙源电力集团股份有限公司	国家海上风力发电工程技术研究中心
	风能发电工程与技术服务	中国三峡新能源（集团）股份有限公司 中广核（北京）新能源科技有限公司 南京牧镭激光科技有限公司 中国海洋石油集团有限公司 华润集团	

一、重点企业画像

综合东方财富等企业上市信息、爱企查平台、行业咨询报告、产业链分类等，按照产业链顺序排序，梳理天顺风能（苏州）股份有限公司、大金重工股份有限公司、中材科技风电叶片股份有限公司、金风科技股份有限公司、华能新能源股份有限公司、明阳智慧能源集团股份公司、洛阳新强联回转支承股份有限公司、上海泰胜风能装备股份有限公司、中国船舶重工集团海装风电股份有限公司、中车株洲电力机车研究所有限公司、国电联合动力技术有限公司、上海电气风电集团股份有限公司、远景能源有限公司、中国三峡新能源（集团）股份有限公司14家重点企业的研发方向、研发人员、研发平台、专利布局等情况。见表5-9~表5-22。

表 5-9　天顺风能（苏州）股份有限公司

企业名称	天顺风能（苏州）股份有限公司
企业类型	高新技术企业；深交所上市
基本信息	天顺风能于 2005 年在苏州成立，2010 年登陆深交所（股票代码 002531）并保持高速增长，10 年间营收、利润累计增长超 10 倍，年均复合增长率超 30%；2021 年营收已超 80 亿元，净利润达 13.1 亿，成长为全球最具规模的风塔、叶片装备制造龙头企业之一，新能源资源开发业务高速增长，目前以新能源装备制造、零碳实业发展这两大主营业务双轮驱动，实现稳定增长。公司已连续 12 年上榜"全球新能源企业 500 强"，并荣登"江苏省民营制造业 100 强"。
研发方向	新能源装备制造。加速投资提升产能布局，覆盖各大清洁能源基地与海上风电基地。塔筒年产能未来将达 120 万吨，进一步扩大市场龙头领先优势，叶片产能大幅增长，跻身行业前列。
融资情况	2022 年以 30 亿收购江苏长风海洋装备制造有限公司
专利布局	拥有风电塔筒滚轮架、风塔制作及工装等方面的专利 67 项，其中发明授权 4 项、发明申请 18 项、实用新型 45 项。授权发明专利：自调节滚轮架；一种室内环境控制系统及控制方法；一种辅助焊接装置；一种不规则筒体的自动喷涂装置和方法。

表 5-10　大金重工股份有限公司

企业名称	大金重工股份有限公司
企业类型	上市企业；高新技术企业；瞪羚企业；创新型中小企业
基本信息	成立于 2000 年，2010 年在深交所主板上市，是新能源领域一家全球化运营的上市公司，总部位于辽宁省阜新市，目前主营业务板块有阜新工厂（陆上业务）、蓬莱工厂（海上业务）和北京公司（投资业务）。
研发方向	海上风电/陆地风电全系列的塔架、转换段、基础段、大型管桩、深远海导管架、浮式基础、海上升压站等
融资情况	2022 年 12 月，定向增发，30.59 亿元，投资方未披露
专利布局	拥有风电塔架、塔筒法兰等方面的专利 116 项，其中发明授权 6 项、发明申请 6 项、实用新型 104 项。授权发明专利：一种张拉式多段混凝土风电塔架；一种分片式混凝土风电塔架；风电塔筒法兰平面度及内倾值的矫正方法；一种超声波焊接机构；一种定距及收料的气焊设备；分片式风电塔架安装万向提升装置。

表 5-11　中材科技风电叶片股份有限公司

企业名称	中材科技风电叶片股份有限公司
企业类型	高新技术企业；瞪羚企业

续表

基本信息	创立于 2007 年 6 月，注册资本 4.4 亿元，总部位于北京市，是专业的风电叶片设计、研发、制造和服务提供商，隶属于国务院国资委直接管理的中央企业中国建材集团有限公司。中材叶片拥有江苏阜宁、河北邯郸、江西萍乡、甘肃酒泉、内蒙古锡林浩特、吉林白城、和内蒙古兴安盟等 7 个风电叶片产业基地，具备年产 1 000 万千瓦风电叶片的设计产能。
研发方向	大型复合材料风电叶片设计、研发、制造和服务
专利布局	拥有成型复合材料、风力发动机等方面专利 200 余项，其中授权发明专利 38 项，包括：兆瓦级复合材料风电叶片真空导入成型工艺；一种碳纤维复合材料结构件真空灌注成型方法；一种风电叶片用复合材料主梁帽的制作方法；兆瓦级风电叶片模具的加热层及加热方法等。
融资情况	已获融资 2 次 2011 年 5 月，股权融资，投资方为中材科技 2017 年 9 月，股权融资，投资方为中节能资产

表 5-12　金风科技股份有限公司

企业名称	金风科技股份有限公司
企业类型	高新技术企业；技术创新示范企业
基本信息	公司成立于 2001 年，位于新疆维吾尔自治区乌鲁木齐市，是一家以从事电力、热力生产和供应业为主的企业。金风科技业务遍及全球 6 大洲、38 个国家，北京研发总部、新疆白鸟湖创新中心及布局全球的 6 大研发基地构建起驱动前沿技术发展的核心动力。公司已在北美、南美、欧洲、非洲、澳洲、亚洲、中东北非、中亚俄语区设立 8 大海外区域中心，全面实现资本、市场、技术、人才、管理的国际化。
研发方向	风电场开发、风电服务、风机及零部件制造与销售
专利布局	拥有风机零部件、风力发动机、风力发动机制造、装配的方法等方面专利 2 000 余项，其中授权发明专利 538 项，包括：风力发电机组振动监测及故障诊断的方法；风力发电机组的故障预警方法；MW 级直接驱动永磁外转子同步发电机；通过无人机检测风机叶片状态的方法、装置及系统等。
融资情况	已获融资 6 次 2006 年 6 月，战略融资，投资方为麦星投资、光远资本 2007 年 3 月，战略融资，投资方为联创永宣 2007 年，IPO 上市，投资金额 18 亿元人民币，公开发行 2010 年 3 月，定向增发，投资方为君盛投资 2016 年，定向增发，投资方为东方赛富、丁香汇创投、国银资本等 2021 年 3 月，定向增发，投资方为中证金融

表 5-13　华能新能源股份有限公司

企业名称	华能新能源股份有限公司
企业类型	小微企业
基本信息	华能新能源股份有限公司成立于 2002 年，位于北京市，是中国华能旗下发展新能源的专业力量，主营国内外风电、光伏发电等新能源项目的投资、建设与运营。
研发方向	风电、光伏发电等新能源项目的投资与建设
专利布局	拥有风力发动机的监控或测试、风力系统装置、发电装置等方面专利 900 余项，其中授权发明专利 84 项，包括：一种基于长短期记忆时间神经网络的风速预测方法及系统；基于风速测量与估计的风电系统 MPPT 控制装置及方法；锋利发电机组功率曲线特性检测系统；波浪能发电装置等。
融资情况	已获融资 3 次 2011 年 6 月，IPO 上市，公开发行 2018 年 4 月，战略融资，投资方为华能资本 2018 年 10 月，债权融资。

表 5-14　明阳智慧能源集团股份公司

企业名称	明阳智慧能源集团股份公司
企业类型	高新技术企业；瞪羚企业
基本信息	明阳智慧能源集团股份公司成立于 2006 年，总部位于中国广东中山，前身为广东明阳风电产业集团有限公司。致力于打造清洁能源全生命周期价值链管理与系统解决方案的供应商。在 2022 年全球新能源企业 500 强中位居第 15 位，居全球海上风电创新排名第一位。已发展成为全球具有重要影响力的智慧能源企业集团。
研发方向	风、光、储、氢等新能源开发运营与装备制造
专利布局	拥有风力发动机的控制、发动机装配安装或运行、风力发动机的监控或测试等方面专利 1 800 余项，其中授权发明专利 230 项，包括：一种风机载荷高效评估系统；一种海上风机导管架与海底桩基础的连接结构及灌浆方法；一种基于 MATLAB 的 Bladed 风机载荷处理系统；一种风力发电机组的叶片净空监测方法等。
融资情况	已获融资 10 次 2016 年 1 月，定向增发，投资方为万投控股 2016 年 3 月，股权融资，投资方为广州基金 2016 年 6 月，私有化 2018 年 3 月，定向增发，投资方为招商资本 2018 年 11 月，战略融资，投资方为明阳集团、广州基金、中广投资 2019 年 1 月，IPO 上市，公开发行 2019 年 9，定向增发，投资方为华泰证券、方正证券 2020 年 3 月，定向增发，投资方为百业资本、上海大钧、宝创资本等 2020 年 12 月，定向增发，投资方为恒健控股 2021 年 6 月，股权融资，投资方为国投创益、南方电网

表5-15 洛阳新强联回转支承股份有限公司

企业名称	洛阳新强联回转支承股份有限公司
企业类型	高新技术企业
基本信息	公司成立于2005年，坐落于河南省洛阳洛新产业集聚区，是一家国家级重点高新技术企业，2020年7月公司在深圳证券交易所创业板上市。
研发方向	大型回转支承产品和风力发电机偏航变桨轴承及主轴承产品研发、制造、销售
专利布局	拥有轴承及零部件制造等方面专利139项，其中授权发明专利12项，包括：一种带轴向预紧的三排滚子转盘轴承；一种回转支撑深孔加工装置；一种低摩擦三排圆柱滚子轴承；双工位回转支撑试验机等。
融资情况	已获融资4次 2005年8月，天使轮，投资方弘信资本 2011年6月，A轮，投资方为海通开元、慧眼资本 2019年4月，定向增发，投资方为上海松科投 2020年7月，IPO上市，公开发行 2021年8月，定向增发，投资方为瑞银集团、安信证券等

表5-16 上海泰胜风能装备股份有限公司

企业名称	上海泰胜风能装备股份有限公司
企业类型	高新技术企业；专精特新企业
基本信息	海泰胜风能装备股份有限公司前身为上海泰胜电力工程机械有限公司，于2001年4月13日成立，总部位于上海金山区，是中国最早专业从事风机塔架制造的公司之一，也是国内外知名的风力发电机配套塔架专业制造商。
研发方向	风机塔架制造、多晶硅铸锭炉制造
专利布局	拥有风力发动机部件、风电塔架等方面专利100余项，其中授权发明专利4项，包括：一种高阻尼风电塔筒；分片式风机塔筒及其制造方法和运输方法；红外线测距装置；风电塔架套装运输装置。
融资情况	已获融资8次 2008年1月，A轮，一亿元人民币，投资方为涌铧投资、领汇投资、上海中领创业投资有限公司 2010年3月，战略融资，投资方为天图投资 2010年10月，IPO上市，9.3亿元人民币 2016年12月，定向增发，投资方为农银国际 2018年9月，定向增发，投资方为君盛投资、丰年资本 2021年6月，定向增发，投资方为西藏开投 2021年7月，定向增发，10.81亿元人民币 2022年5月，定向增发，投资方为广州凯德

表 5-17　中国船舶重工集团海装风电股份有限公司

企业名称	中国船舶重工集团海装风电股份有限公司
企业类型	高新技术企业；瞪羚企业
基本信息	中国船舶集团海装风电股份有限公司前身为中船重工（重庆）海装风电设备有限公司，成立于 2004 年 1 月 9 日，隶属于中国船舶集团有限公司，是国家海上风力发电工程技术研究中心平台建设单位，专业从事风电装备系统集成设计及制造、风电场工程服务及新能源系统集成服务的高新技术企业。
研发方向	风力发电机组研发、技术引进与开发应用；制造及销售风力发电机零部件
专利布局	拥有风力发电机的控制装配、风力发电机组件等方面专利 600 余项，其中授权发明专利 150 项，包括：一种风力发电机组转速转矩控制装置及方法；海上风力发电系统；一种风力发电机组的控制方法及装置；一种变桨距变速风力发电机组等。
融资情况	已获融资 4 次 2014 年 12 月，战略融资，投资方为国电南自、重庆能源、液压机电 2017 年 5 月，股权融资，投资方为凌久高科 2018 年 12 月，战略融资，投资方为中船重工、中国船舶集团 2019 年 1 月，股权融资，投资方为中金资本

表 5-18　中车株洲电力机车研究所有限公司

企业名称	上海电气风电集团股份有限公司
企业类型	高新技术企业
基本信息	上海电气风电集团股份有限公司（曾用名：上海电气风电集团有限公司），成立于 2006 年，位于上海市，是一家以从事电力、热力生产和供应业为主的企业，是全球领先的工业级绿色智能系统解决方案提供商，专注于智慧能源、智能制造、数智集成三大业务领域，业务遍及全球。
研发方向	风电机组智能设计制造、风场智能运维、风资源评估等
专利布局	拥有风力发电机组件、风力发电机装配安装等方面专利 1 300 余项，其中授权发明专利 263 项，包括：风力发电机叶片输送用工装；风力发电机组风轮不平衡监测方法；风力发电机变频器的冷却系统及工作方式；风力发电机偏航系统的对风方法及对风系统等。
融资情况	已获融资 3 次 2021 年 5 月，定向增发，投资方为中信证券投资 2021 年 5 月，IPO 上市，29.01 亿元人民币 2022 年 6 月，定向增发，投资方为中信证券

表 5-19　国电联合动力技术有限公司

企业名称	国电联合动力技术有限公司
企业类型	高新技术企业
基本信息	国电联合动力技术有限公司于 2007 年 6 月成立，公司总部位于北京，设有保定、连云港、赤峰、长春四个生产基地，是中国国电集团公司为适应发展中国绿色能源事业需要，解决风电关键、重大设备国产化问题而成立的从事风电设备制造的高新技术企业。
研发方向	大型风电机组设计研发
专利布局	拥有风力发电机及其组件、风力发电机的监控或测试、电路装置等方面专利 1 500 余项，其中授权发明专利 271 项，包括：一种并网不上网微网系统及其控制保护方法；一种风电场无功功率控制方法和系统；一种具有防冰及除冰能力的风轮叶片；一种风力发电机组叶片结冰检测的方法和装置等。
融资情况	2021 年 10 月，A 轮，投资方为国家能源集团

表 5-20　上海电气风电集团股份有限公司

企业名称	上海电气风电集团股份有限公司
企业类型	高新技术企业
基本信息	上海电气风电集团股份有限公司（曾用名：上海电气风电集团有限公司），成立于 2006 年，位于上海市，是一家以从事电力、热力生产和供应业为主的企业，是全球领先的工业级绿色智能系统解决方案提供商，专注于智慧能源、智能制造、数智集成三大业务领域，业务遍及全球。
研发方向	风电机组智能设计制造、风场智能运维、风资源评估等
专利布局	拥有风力发电机组件、风力发电机装配安装等方面专利 1 300 余项，其中授权发明专利 263 项，包括：风力发电机叶片输送用工装；风力发电机组风轮不平衡监测方法；风力发电机变频器的冷却系统及工作方式；风力发电机偏航系统的对风方法及对风系统等。
融资情况	已获融资 3 次 2021 年 5 月，定向增发，投资方为中信证券投资 2021 年 5 月，IPO 上市，29.01 亿元人民币 2022 年 6 月，定向增发，投资方为中信证券

表 5-21　远景能源有限公司

企业名称	远景能源有限公司
企业类型	高新技术企业；瞪羚企业

基本信息	远景能源有限公司［曾用名：远景能源（江苏）有限公司］，成立于 2008 年，位于江苏省无锡市，以从事电力、热力生产和供应业为主。
研发方向	智能风电、储能技术等
专利布局	拥有风力发电机及组件、供电装置等方面专利 700 余项，其中授权发明专利 145 项，包括：一种大功率海上风力发电机组塔底冷却系统及控制方法；风力发电机组单叶片安装吊具；风力发电机叶尖塔筒净空的测量方法；一种发电机组的发电性能评估方法及设备等。
融资情况	已获融资 2 次 2021 年 11 月，Pre-A 轮，投资方为红杉中国、春华资本、GIC 新加坡政府投资公司 2022 年 6 月，A 轮，投资方为红杉中国、GIC 新加坡政府投资公司

表 5-22　中国三峡新能源（集团）股份有限公司

企业名称	中国三峡新能源（集团）股份有限公司
企业类型	小微企业
基本信息	中国三峡新能源（集团）股份有限公司（曾用名：中国三峡新能源有限公司），成立于 1985 年，位于北京市，是一家以从事电力、热力生产和供应业为主的企业。
研发方向	海上及陆上风电、光伏发电、新型储能技术等
专利布局	拥有风力发电机装配安装、电路装置、燃料电池等方面专利 200 余项，其中授权发明专利 39 项，包括：一种海上风机复合筒型基础沉放姿态实时监测方法；一种水下应力传感器的防护装置；一种适用于海洋风电的大尺度筒型基础结构；一种多线切割用导轮等。
融资情况	已获融资 4 次 2018 年 10 月，战略融资，投资方为三峡资本、金石投资、招银国际资本、川投能源、中国诚通等 2019 年 6 月，股权融资，投资方为融泽通远 2021 年 6 月，IPO 上市，公开发行 2021 年 6 月，定向增发，投资方为中信证券

二、重点科研院所画像

风能领域研发机构较少，根据检索情况，选择国家能源海上风电技术装备研发中心、国家能源风电叶片研发中心、福建省新能海上风电研发中心有限公司、华翼风电叶片研发中心 4 家重点高校院所，对其研发方向、研发人员、研发平台、专利布局等情况分析。见表5-23—表5-26。

表5-23 国家能源海上风电技术装备研发中心

企业名称	国家能源海上风电技术装备研发中心
企业类型	国家能源局
基本信息	国家能源海上风电技术装备研发中心，是国家能源局于2010年1月正式授牌，位于江苏盐城，依托华锐风电科技（集团）股份有限公司设立的以海上风电技术装备为研究对象的国家级研发中心。研发中心建设目标是聚集顶尖的风电技术装备研发人才，建成我国技术水平最高、设备最先进、研发和实验能力最强的海上风电技术装备研发机构，在解决我国海上风电发展面临的技术难题的同时，进一步引领海上风电技术的发展。
研发方向	海上风电装备研发、海上施工装备研发
研发平台	国家能源研发中心（重点实验室） 上海交通大学电子信息与电气工程学院 华锐风电科技（集团）股份有限公司
专利布局	已获国内授权专利128项，其中发明专利6项、实用新型专利121项、外观设计专利1项，并拥有计算机软件著作权10项。除已授权专利外，研发中心还申请专利280项，其中发明专利90项。同时已有数十项国际专利提交申请，部分国际专利申请已完成认证。

表5-24 国家能源风电叶片研发中心

机构名称	国家能源风电叶片研发中心
隶属关系	中国科学院工程热物理研究所
基本信息	国家能源局于2009年11月批准工程热物理研究所组建国家能源风电叶片研发（实验）中心，该研发中心位于北京市，研发（实验）中心的建设目标是建设兆瓦级以上大型及超大型风电叶片设计、为风电叶片产业的发展提供核心技术和装备等。
研发方向	风能方向：大型风电叶片先进设计及测试技术研究；大型海上浮式风电机组技术研究；风能热利用技术研究。 先进推进动力方向：新原理高推重比发动机、新原理宽速域发动机。
研发人员	现有职工55人，其中正高级岗位人员8人（含中国科学院院士1人），副高级岗位人员9人；在站博士后5人；在读研究生82人。

表5-25 福建省新能海上风电研发中心有限公司

机构名称	福建省新能海上风电研发中心有限公司
隶属关系	福建福船投资有限公司

续表

基本信息	福建省新能海上风电研发中心有限公司是由国家能源局批准、经省政府同意,由福建省发改委授权福建福船投资有限公司与永福公司牵头组建,于 2015 年 8 月 24 日在福州(马尾)自贸试验区注册成立,是一家以从事研究和试验发展为主的企业。
研发方向	海上风力发电的技术研究及应用服务;风力发电技术开发、技术咨询、技术转让和技术服务;新能源技术开发;海上新能源设施研发;海洋工程安装设备租赁及技术咨询服务;海上风力发电项目投资、建设、运营管理等。
专利布局	拥有风力发电机装配及运行、风力发电机相关部件或零件、海上平台等方面专利 90 余项,其中授权发明专利 17 项,包括:主动补偿式海上平台登靠装置及其使用方法;一种风能、海洋能综合发电装置;一种海上风电嵌岩单桩基础及其施工方法;一种海上测风平台等。

表 5-26　华翼风电叶片研发中心

机构名称	华翼风电叶片研发中心
隶属关系	中国科学院工程热物理研究所
基本信息	该中心由中国科学院工程热物理研究所、保定国家新能源设备产业基地、中国风能协会等单位共同发起、组建的风电叶片研发机构,于 2005 年 10 月 19 日在保定高新区成立,是一家风电叶片系统解决商。
研发方向	叶片气动设计、结构设计、模芯与模具设计制造、叶片生产、检测到售后运维。
专利布局	拥有风电设备相关组件、风电叶片材料及制作方法等方面专利 60 项,其中授权发明专利 11 项,包括:利用真空吸注制作风轮叶片的方法;一种风电叶片制造方法;一种风力发电机的风轮叶片及其加工工艺;风力发电机及其叶片等。

第六章

海洋电子信息产业创新与产业全景图谱

近年来，以海洋电子设备制造、海洋信息技术、海洋信息服务为核心的海洋电子信息产业呈现出快速增长态势和巨大发展潜力。大力发展海洋电子信息产业，深化海洋各领域与信息技术融通，有利于掌握发展海洋的主动权和主导权，有利于提升海洋资源的开发、利用和保护能力，有利于加快海洋经济新旧动能转化，对发展海洋事业、建设海洋强国具有重要战略意义。

第一节　海洋电子信息产业发展综述

一、发展现状及趋势

感知体系。海洋传感器是获取海洋信息的最直接来源，处于认知海洋的最前端。近年来，我国在海洋环境传感器技术方向进展显著，新型传感器不断涌现，促进海洋观测、监测、探测朝着实时、原位、精细、立体、智能方向发展。在"十二五""十三五"时期国家重点研发计划等渠道的支持下，约70%的近海、常规传感器实现国产化。但对比国际先进，国产化海洋传感器技术整体水平仍处于"跟跑"阶段，超过80%的深远海、高端传感器依赖进口，在精密科学测试仪器、传感器元器件等产品上，国内海洋仪器基本上难与国外同类产品竞争。国内市场仍由进口传感器主导，国产传感器的规模化应用较少。海洋观测平台方面，我国已基本掌握固定海洋观测平台的核心技术，大型浮标在极端恶劣海况下的可靠性达到国际领先水平；在无人潜器研制方面，波浪能滑翔器、无人水面艇、无人帆船、深海 Argo，部分遥控水下机器人（ROV）、自主水下机器人（AUV）、载人水下机器人（HOV）、水下滑翔机等装备的整体性能接近或达到国际先进水平；在卫星平台方面，发展了海洋水色、海洋动力环境、海洋监视监测等系列海洋卫星，多颗卫星在轨运行。2020 年 11 月，我国自主研发的"奋斗者"号在全球海洋最深处马里亚纳海沟"挑战者深渊"，成功下潜到 10 909 米。我国载人潜水器技术已经处于全球领先水平，海洋资料浮标观测技术达到国际先进水平，能够满足沿海海域业务化运行的需求。

传输体系。我国目前广泛应用的海洋通信系统主要包括海上无线短波通信、海洋卫星通信和岸基移动通信。北斗卫星系统主要面向亚太区域提供导航与通信服务，短报文通信服务功能不断增强，同时启动建设了鸿雁、虹云、行云等商业组网小卫星星座。天通一号卫星星座建设完毕，覆盖太平洋、印度洋大部分海域，具备基本的数据通信能力。蓝绿光通信技术进入海上试验阶段，标志着无线光通信技术进入工程化应用研究阶段。目前，我国在轨民商用通信卫星有 16 颗，其中自行研制的有 6 颗，集中覆盖亚太地区，远海 / 深海大洋和极地通信大量租用国际海事卫星，还无法满足自主可控的需求。在水下通信与导航方面，已经取得了一定的技术与装备突破，但主要集中在军事领域，没有形成民用推广。

数据体系。在海洋大数据理论方法研究与应用方面，国家海洋信息中心研究构建海洋大数据技术体系，提出了分类分级的海洋大数据资源管理总体设计，并将列存储、分布式和虚拟化等大数据技术应用于海洋数据全流程管理，建成了中国新一代海洋综合数据库；研究了基于海洋大数据的海面高度、海表温度、三维温盐和声场、台风、ENSO 和赤潮等的海洋预报技术。在海洋大数据管理方面，我国初步建成以气象局、海洋局等机构为主体的海洋立体观测数据业务处理平台，但管理方式、数据标准、数据共享等有待协调统一。在海洋数据共享服务方面，国家海洋科学数据中心、西太海洋数据共享服务系统和南海及其邻近海区科学数据中心等已投入业务化运行，面向社会各类用户可提供多元化的数据共享服务。国家海洋信息中心、中国海洋大学等在海洋数据同化与再分析方面推出了积累数据长达 60 年且覆盖西太平洋区域的三维温盐流产品，其精度在远海区域与国外同类产品接近，近岸近海部分高于国外。在海洋数据算法方面，我国自"十三五"期间，便开始加强云计算、大数据等新一代信息技术在海洋领域的深度融合，基于 Spark、Hadoop 等框架的海洋大数据平台建设已初具规模，基于机器可读可理解理念的海洋地质数据平台建设等初步实现。但目前信息处理相关算法大都借鉴于国外，缺乏自主创新，信息产品精度低，服务能力不足。在行业软件方面，青岛国实科技集团有限公司以计算需求为导向，持续推进海洋环境、工业仿真、三维渲染等国产软件移植和大数据技术研发，开发了流体动力学软件 OpenFOAM，并开展了 Blender 软件的国产化移植工作。通过对地球气候系统模拟大数据的解析，现已构建高分辨率海冰－北极数值模拟可视化云服务平台，为海洋数据多维度工作流式渲染提供服务。

应用体系。国外利用新一代信息技术，通过对数据的分析挖掘和预测，已经在海洋气候气象预报、环境生态保护、生物资源利用、海底资源智能勘探等方面得到实际应用，如 IBM 沃森中心研发基于海洋大数据的全球高分辨率天气预报模型可精细到 3 千米且每小时更新。我国通过"透明海洋""智慧海洋"计划不断强化海洋观测、监测等仪器装备开发，推动海洋卫星服务产品产业化。近年来，我国各级政府都在大力推进海洋电子政务工程，不仅建设并完善了各类海洋专题服务型网站和国家海洋局政府网站，还研发了多个海洋领域的业务系统，例如，海洋气候预报、海洋环保、海岛保护、海域使用等。已建成一批以服务海洋交易、海洋监管、海洋数据和海洋预报为目标的系统和平台。

随着我国"智慧海洋""透明海洋"等系列工程的推进实施，对于海洋的探索逐步从近海向远海，从平面向立体，从分立向全方位综合感知的网络信息体系发展。海洋监测仪器装备逐步由传统的传感器、仪器扩大至综合性更强、功能更多、时空更广的"空、天、地、海"一体化观测体系。海洋大数据应用的深度和广度将不断提升，面向海域海岛、海洋经济、海洋权益、海洋空间规划等领域迫切的应用需求，加强海洋大数据关键技术研发和创新应用，已经成为当前及今后提升海洋电子信息产业发展的必然趋势。

二、"十四五"布局

《国民经济和社会发展十三个五年规划纲要》对"推进智慧海洋工程建设"进行了部署；《全国海洋经济发展"十三五"规划》中提出"加快互联网、云计算、大数据等信息技术与海洋产业的深度融合"，明确了海洋信息化体系建设、全球海洋立体观测网、海洋测绘工程建设、海洋环境预报等的主要任务；"十四五"国家重点研发项目在海洋立体监测探测、海洋环境预报预测、岛礁安全稳定与可持续发展、海洋生态环境保护等领域进行重点布局，涉及适合移动观测的海洋环境传感器、易布放式移动观测平台、沉浮式智能组网的声学探测关键技术、基于大数据和人工智能的海洋环境快速预报技术等关键技术研究。

随着海洋强国战略、21世纪海上丝绸之路战略构想的加速推进，海洋产业与信息技术的跨界融合也进入战略机遇期。山东、广东、上海、浙江、江苏、福建、天津、海南、深圳、广州、温州、舟山等沿海省市不断加大支持力度，推进"互联网＋海洋""大数据＋海洋"深度融合。综合国内主要沿海省市"十四五"海洋经济发展规划、科技创新规划、海洋强省建设专项规划等政策文件，梳理了主要沿海省市"十四五"海洋电子信息产业发展目标、重点项目、支持方向和补贴政策，形成了国内主要沿海省市"十四五"海洋电子信息产业发展布局情况表，见表6-1。

表6-1　主要沿海省市"十四五"海洋电子信息产业发展布局情况表

政策文件＼项目	目标	重点项目	支持方向
辽宁省"十四五"海洋经济发展规划	培育壮大海洋信息服务业，打造海洋经济发展新引擎。	智慧海洋工程	统筹管理海洋数据资源，加快海洋领域新型基础设施建设；开发和挖掘海洋信息咨询、海洋资源开发、渔业导航救助、海洋航运保障等海洋大数据的应用服务；加快海洋产业数字化、网络化、智能化改造，推进海洋卫星通信、遥感、5G、船用智能终端等技术应用；加强面向海洋信息监管、海洋信息交易、海洋数据共享、海洋信息预报等服务的平台建设。
天津市海洋经济发展"十四五"规划	1. 培育海洋装备制造业等新兴海洋产业； 2. 推动海洋环境探测装备产业聚集。	1. 建设天津海洋生态环境监测装备试验测试基地； 2. 建设多功能、全场景和综合性的无人船海上测试场。	重点发展低成本、低功耗的波浪能滑翔器、无人艇、水下滑翔机、Argo等机动自主探测平台，以及国产海洋探测传感器产业。
山东省"十四五"海洋经济发展规划	推动海洋产业与数字经济融合发展	1. 实施智慧海洋工程； 2. 建设海洋智能超算平台； 3. 建设海洋环境综合试验场； 4. 建设海洋大数据产业园。	1. 加强海洋数字基础设施建设。推进海洋立体观测网、海洋通信网络、海底数据中心、海底光纤电缆等基础设施建设，打造国家级分布式超算中心。 2. 推动海洋数字产业化。加强海洋信息感知技术装备、新型智能海洋传感器、智能浮标潜标、无人航行器、智能观测机器人、无人观测艇、载人潜水器、深水滑翔机等高技术装备研发。 3. 提高海洋产业数字化水平。发展智慧渔业、智能制造、智慧港口、智慧航运、智慧旅游等"智能＋"海洋产业。
江苏省"十四五"海洋经济发展规划	推进海洋经济数字化转型	1. 智慧海洋工程； 2. 建设省级海洋大数据共享应用平台。	1. 重点发展海洋信息获取、采集、加工、传输、处理和咨询服务全产业链的海洋信息服务业。加快智能海洋牧场、智慧港口、智慧航运、智慧海洋旅游等领域建设，发展海洋物联网、海洋遥感等海上态势感知手段和关键技术； 2. 深化海洋大数据提炼清洗、质量评估、融合分析、深度挖掘和预测预报等关键技术研究。支持渔业—单波束和多波束回声测深仪系统研发应用，开发实时3D可视化软件、声呐和渔获物监测系统，利用人工智能对洋流、潮汐、波浪等海洋可再生能源进行预报和测算。

项目 政策文件	目标	重点项目	支持方向
上海市海洋"十四五"规划	推动现代信息技术与海洋产业深度融合	1.推进国家海底观测网临港基地建设； 2.建设全球海洋大数据平台。	1.发展海洋信息服务、海底数据中心建设及业务化运行； 2.推进重点海域的海上浮标、海床基观测系统和X波段雷达建设，扩大海洋观测范围，增加观测站分布密度，提升观测精度。推进无人机和卫星遥感观测，增强空中动态观测能力。
浙江省海洋经济发展"十四五"规划	做强百亿级海洋数字经济产业集群	1.实施智慧海洋工程； 2.建设省智慧海洋大数据中心。	加强国家卫星海洋应用系统、海洋信息感知技术装备的研发制造，加快形成海洋感知装备、卫星通信导航、海洋大数据、船舶电子等海洋电子信息产业集群。积极参与建设海上北斗定位增强及应用服务系统，推动海洋卫星服务产品产业化。谋划实施一批船联网应用项目，推动国家应急通信试验网、省智慧海洋大数据中心等重大项目建设，打造海洋数字产业生态。
福建省"十四五"海洋强省建设专项规划	推进"产业数字化、数字产业化"，壮大海洋电子信息产业。	1.智慧海洋工程； 2.建设福建"智慧海洋"大数据中心。	1.构建海洋信息通信"一网一中心"。构建海上卫星通信和海洋应急通信保障网络，构建省智慧海洋大数据中心，搭建海洋云服务平台、大数据计算平台和云安全平台； 2.拓展海洋信息应用服务。建设海洋卫星综合应用服务平台，提供基于卫星数据和地面台网数据的灾害预警、监测、评估和救灾应用服务； 3.推进海洋信息设备研发制造。支持卫星通信设备、海洋通信导航装备、无线通信设备、固定或移动通信终端设备等海洋信息设备的研发生产。
广东省海洋经济发展"十四五"规划	1.推动海洋电子信息产业发展壮大；	粤港澳大湾区"智慧海洋"工程。	1.研发基于高通量卫星、低轨卫星、天通卫星和北斗卫星导航系统的船舶通信导航设备； 2.支持海底数据中心关键核心技术突破；突破水声探测、深海传感器、水下机器人、无人和载人深潜、水下通信定位等关键技术，发展卫星、无人机、智能船、海洋遥感与导航等海上态势感知手段和关键技术；

项目 政策文件	目标	重点项目	支持方向
广东省海洋经济发展"十四五"规划	2.打造珠三角海洋电子信息产业集聚区。	粤港澳大湾区"智慧海洋"工程。	3.开展海洋数据资产化研究，开发和挖掘海洋信息咨询、海洋目标监测、海洋资源开发、渔场渔情预报、海洋防灾减灾、航运保障、海洋生态环境保护等海洋大数据应用服务。
海南省海洋经济发展"十四五"规划（2021~2025年）	培育壮大海洋电子信息产业。	1.实施智慧海洋工程； 2.建设南海海洋大数据中心； 3.建设海南海底数据中心。	1.构建海洋观测监测体系。开展验潮站、浮标、志愿船、无人机、雷达、海况视频等观测监测系统建设； 2.发展海洋通讯导航产业。重点发展北斗卫星船用导航芯片、接收终端、航行警告接收机、船舶卫星跟踪系统、防撞系统等产品； 3.推进海洋新型基础设施建设。完善岸基、岛礁、船载4G/5G基站建设； 4.推进海洋大数据平台建设及应用。构建集海洋行政办公、海洋环境监测、海洋预报减灾等于一体的海洋大数据平台。

第二节　海洋电子信息产业链分析

海洋电子信息产业链主要由"感知——传输——数据——应用"四层体系构成，见图6-1。感知体系，为海洋电子信息产业发展的基础，是实现对海洋全面感知的核心结构，负责信息采集。通过天基、空基、水面、水下、岸基平台等搭载的传感器，实现自空中到海底的海洋环境信息如气象、水文、水质、生态等参数的全面感知及目标探测等。传输体系，其功能主要为传送，即通过各种通信网络将海洋物联网数据和信息传输到陆地接收站，包括卫星通信、微波通信、水声通信、光纤通信、互联网、有线和无线通信网等。数据体系，将海洋感知和传输的海量数据进行深度挖掘和智能处理，主要包括大数据、云计算和基于大数据的机器学习和深度学习等人工智能算法、行业软件等。应用体系，海洋大数据可用于海洋开发、海洋安全、海洋保护等。典型的应用领域包括鱼类生长环境监测、海洋油田勘探监测、海上风力发电监测、海洋环境和灾害预报预警、数值天气预报等。

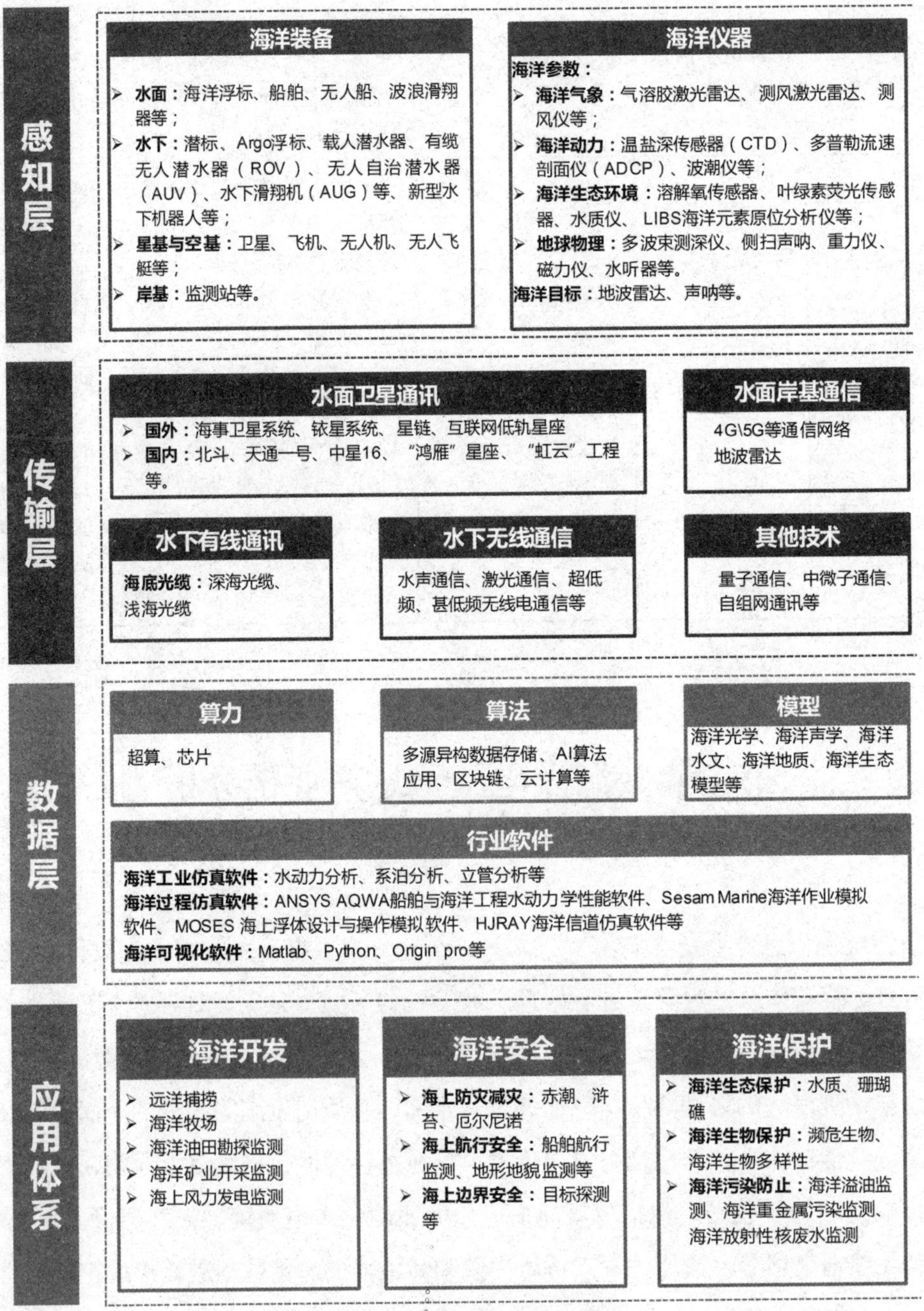

感知层

海洋装备
- 水面：海洋浮标、船舶、无人船、波浪滑翔器等；
- 水下：潜标、Argo浮标、载人潜水器、有缆无人潜水器（ROV）、无人自治潜水器（AUV）、水下滑翔机（AUG）等、新型水下机器人等；
- 星基与空基：卫星、飞机、无人机、无人飞艇等；
- 岸基：监测站等。

海洋仪器
海洋参数：
- 海洋气象：气溶胶激光雷达、测风激光雷达、测风仪等；
- 海洋动力：温盐深传感器（CTD）、多普勒流速剖面仪（ADCP）、波潮仪等；
- 海洋生态环境：溶解氧传感器、叶绿素荧光传感器、水质仪、LIBS海洋元素原位分析仪等；
- 地球物理：多波束测深仪、侧扫声呐、重力仪、磁力仪、水听器等。
海洋目标：地波雷达、声呐等。

传输层

水面卫星通讯
- 国外：海事卫星系统、铱星系统、星链、互联网低轨星座等。
- 国内：北斗、天通一号、中星16、"鸿雁"星座、"虹云"工程等。

水面岸基通信
4G\5G等通信网络
地波雷达

水下有线通讯
海底光缆：深海光缆、浅海光缆

水下无线通信
水声通信、激光通信、超低频、甚低频无线电通信等

其他技术
量子通信、中微子通信、自组网通讯等

数据层

算力
超算、芯片

算法
多源异构数据存储、AI算法应用、区块链、云计算等

模型
海洋光学、海洋声学、海洋水文、海洋地质、海洋生态模型等

行业软件
海洋工业仿真软件：水动力分析、系泊分析、立管分析等
海洋过程仿真软件：ANSYS AQWA船舶与海洋工程水动力学性能软件、Sesam Marine海洋作业模拟软件、MOSES海上浮体设计与操作模拟软件、HJRAY海洋信道仿真软件等
海洋可视化软件：Matlab、Python、Origin pro等

应用体系

海洋开发
- 远洋捕捞
- 海洋牧场
- 海洋油田勘探监测
- 海洋矿业开采监测
- 海上风力发电监测

海洋安全
- 海上防灾减灾：赤潮、浒苔、厄尔尼诺
- 海上航行安全：船舶航行监测、地形地貌监测
- 海上边界安全：目标探测等

海洋保护
- 海洋生态保护：水质、珊瑚礁
- 海洋生物保护：濒危生物、海洋生物多样性
- 海洋污染防止：海洋溢油监测、海洋重金属污染监测、海洋放射性核废水监测

图6-1 海洋电子信息产业链

一、感知体系

感知体系包括空基和星基、岸基、水面、水下等观测平台；用于海洋气象、水文、生态等海洋参数测量的传感器；用于水面、水下目标探测的仪器设备等。

海洋观测平台。观测平台技术是对各类监测设备集成，并通过特定的机械设计搭载不同的设备，实现对海洋的观测，按照工作场景可分为空基和星基平台、岸基平台、水面、水下及海底观测平台，能够搭载各种海洋监测仪器设备以及通信设备，对相关海域进行长期连续、同步、自动观测。① 空基和星基平台。空基海洋观测系统主要以无人机为载体，搭载光学传感器等，获取海洋重点关注区域监测信息。星基海洋观测平台运用卫星及其他航天器作为海洋监视、监测传感器载体，以多源遥感数据作为数据源，利用"3S"技术（遥感、地理信息系统和全球定位系统）实现对海洋的观测和监测。② 岸基平台。通过在近岸、岛礁或海上构筑物上布设相应的海洋观测传感器，实现对海洋参数及目标的实时、全天候的原位观测。常见的岸基海洋观测系统主要包括机动观测站、岸岛监测站、无人岛礁等。③ 水面平台。主要是在水面布设相应的海洋监测仪器，包括海洋环境浮标、波浪滑翔器、无人水面艇、无人帆船等，实现从海面的全天候、实时和高分辨率的多界面立体综合观测，服务于海洋环境监测、灾害预警、国防安全等多方面的综合需求。④ 水下平台。是在载人潜器和无人有缆遥控潜器（ROV）的技术基础上迅速发展起来的一种新型海洋观测平台，主要用于无人、大范围、长时间水下环境监测。搭载的设备包括潜标、自主水下机器人、水下滑翔机、拖曳平台、自主沉式剖面浮标、定点升降剖面仪等，其中潜标是系泊在海面以下的长期观测海洋环境要素的系统，有声释放器，可从海面按指令回收。⑤ 海底海洋观测平台。利用位于海面以下的水下接驳器统一接收来自各个传感器的采集数据，包括水下摄像器材采集的视频数据，然后将数据传输至位于陆地上的岸基站。

海洋环境仪器设备。按照测量参数仪器设备可分为海洋气象参数传感器、海洋动力环境参数传感器、海洋生态环境参数传感器、海洋地球物理勘探仪器设备。① 海洋气象参数传感器。海洋气象参数包括风向、风速、气温等。相关的传感器有海洋大气气溶胶激光雷达、船载污染气体分析仪、相干测风激光雷达等。② 海洋动力环境参数传感器。海洋动力环境参数包括温度、盐度、海流、潮汐、波浪等，相关传感器有温盐深传感器（CTD）、多普勒流速剖面仪（ADCP）、波潮仪、合成孔径雷达、高分辨率辐射计等。③ 海洋生态环境参数传感器。海洋生态环境参数包括海水中的生物及化学成分如溶解氧、海水 pH、营养盐、重金属、有机化合物、叶绿素等。相关传感器有溶解氧传感器、叶绿素荧光传感器、营养盐传感器（硅、磷、氮等）、pH 传感器、水质仪、LIBS 海洋元素原位分析仪、拉曼光谱测量仪、辐射计、海洋激光雷达、高光谱成像仪、中分辨率成像光谱仪等。④ 海洋地球物理勘探仪器设备。海洋地球物理勘探包括海底地形地貌、海洋重力、海洋磁测和海洋地震、海底热流勘探、海洋声学测量等。海洋物探用到的设备主要包括重力仪、磁力仪、海底地震仪、水听器、单频回声测深仪、双频回声测深仪、多波束测深仪、侧扫声呐、浅地层剖面仪等。

二、传输体系

海洋传输体系主要包括基础设备、卫星通信、岸基移动通信、海上无线通信、水下无线通讯和其他通信技术等，实现对全球海洋的基本覆盖。该系统能够保障近海、远海和远洋的船舶 – 海岸、船舶 – 船舶的日常通信；在海洋运输、油气勘探开采、海洋环境监测、海洋渔业、海水养殖和海洋科考等领域，提供了相对可靠、准确、及时和安全的通信基础设施。

卫星通信。国际海事卫星系统（Inmarsat）和铱星系统（Iridium）是应用最为广泛的全球海洋卫星通信系统。近几年，国内卫星通信也有了长足的发展，2016 年发射了首颗移动通信卫星"天通一号"，实现对我国领海及周边海域的全面覆盖；2017 年发射了首颗高通量卫星"中星 16"，覆盖了对我国近海 300 km 海域；2020 年北斗卫星导航系统的全面建成，将为全球用户提供短报文通信服务。目前，国内外卫星通信系统正在从分立向天基组网、天地一体化方向发展，主要代表系统包括国外 OneWeb 公司的太空互联网低轨星座，SpaceX 公司的星链（StarLink）及国内中国电科的"天地一体化信息网络"、航天科技的"鸿雁"星座和航天科工的"虹云"工程。

岸基移动通信。岸基移动通信主要依托陆上 2G/3G/4G/5G 等移动通信网络实现对近海 30 km 内的有效覆盖，支持话音和宽带数据传输。

海上无线通信。海上无线通信主要采用中 / 高频和甚高频通信实现近海、中远海域的覆盖。我国主要采用奈伏泰斯系统（NAVTEX, navigational telex）和船舶自动识别系统（AIS, automatic identification system），支持话音和窄带数据传输，但传输质量易受外界环境因素影响，可靠性较低。

水下有线通信。海底电缆分海底通信电缆和海底电力电缆，前者主要用于通讯业务，后者主要用于水下传输大功率光能。根据不同的海洋环境和水深，海底电缆又可分为深海光缆和浅海光缆，相应地在光缆结构上表现为单层铠装层和双层铠装层。

水下无线通信。水下无线通信主要包括水下电磁波通信、水声通信和水下光通信三种方式。水声通信是目前水下节点之间远距离窄带通信的唯一手段，水下电磁通信主要使用甚低频、超低频和极低频进行通信，用于岸海间远距离小深度的水下通信场景，水下光通信主要利用蓝绿波长的光进行水下通信，支持近距离的高速通信，但技术尚未成熟。

三、数据体系

海洋数据体系主要包括基础支持、关键技术、海洋大数据、人工智能及行业软件、应用平台等。

基础支持。基础支持包括超级计算机及 AI 处理器等。超级计算，是由众多处理器组成的计算机，可以处理完成普通服务器或者计算机无法完成的超量计算任务。现阶段我国在超算领域的实力已达到世界先进水平。近年来我国超级计算机数量位居全球第一，2022 年 6 月我国超级计算机为 173 台位。高性能计算机系统中涉及的各个技术领域，包括芯片设计、计算结构、并行算法等，在国际上也获得了广泛认可，在一些关键技术上甚至领先于其他国家。AI 处理器作为硬件基石为海洋数据提供计算资源支撑。通用的 AI 处理器包括 CPU 和通用计算 GPU，而 TPU 等加速器则属于专用的 AI 处理器，是专用集成电路。一般来说，通用 AI 处理器具备良好的通用性，可以适应多样的程序执行场景，而专用 AI 处理器则具备较好的灵活性，可以在某些具体应用上达到远超通用 AI 处理器的性能。

关键技术。关键技术包括海洋 AI 核心算法、海洋多源数据采集、海洋异构数据存储、海洋大数据分析等。人工智能核心算法，目前常见的人工智能算法有神经网络遗传算法、支持向量机、贝叶斯网络等。这些算法已经被广泛应用于图像处理、语音识别、自然语言处理等领域。对于海洋资料挖掘研究而言，神经网络和遗传算法是比较常见的人工智能算法。其中，神经网络可以通过学习大量海洋资料，自动识别出其中的模式和规律，从而达到海洋资料挖掘的目的，而遗传算法则可以通过模拟生物进化过程，筛选出具有优良特性的基因集合，进而提高海洋资料挖掘的效率和准确性。

海洋大数据。海洋大数据立足于海洋数据汇集和数据深度挖掘，包括海洋模型库、算法库、知识库以及海洋知识图谱。

海洋信息涉及众多领域的数据资源，例如海洋生物、海洋生态、气象、地理地质、生物化学等，来源主要是海洋科考船、海洋浮标、海洋潜水器、海洋遥感、海洋观测网等海洋监测数据。数据模型库包括海洋环境模型、海洋水文模型、海洋灾害模型等。算法库提供大量用途的函数，包括机器学习库、深度学习库、分布式深度学习库、自然语言处理、计算机视觉、生物和化学库。知识库指专家系统设计、海洋大数据领域所应用的规则集合，包含规则所联系的事实及数据，在计算机存储器中存储、组织、管理和使用的互相联系的知识片集合。海洋知识图谱是将海洋大数据通过数据挖掘、信息处理、知识计量和图形绘制而显示出来，揭示知识领域的动态发展规律，为海洋相关领域提供切实的、有价值的参考。

行业软件。包括海洋工业仿真软件、海洋可视化软件、过程仿真、数值模拟、模式识别等。海洋工程仿真软件主要分为5大类：水动力分析软件、系泊分析软件、立管分析软件、结构分析软件、安装分析软件，另外还有一些具有特定计算功能的软件，主流的软件包括 WAMIT、MOSES、Hydrostar 与 Ariane、Sesam、Orcaflex；海洋数据的可视化软件主要包括 Matlab、Panoply、ncBrowser、Python、Origin pro、Ocean Data View（ODV）、Generic Mapping Tools（GMT）等；过程仿真就是通过建立数学模型表征对象内部过程及外部表现的，主要软件包括 ANSYS AQWA 计算船舶与海洋工程水动力学性能软件、Sesam Marine 海洋作业模拟软件、MOSES 海上浮体设计与操作模拟软件、HJRAY 海洋信道仿真软件、MapleSim 多领域系统仿真软件等。

四、应用体系

海洋大数据可用于海洋开发、海洋安全、海洋保护等。

海洋开发。主要应用于海洋牧场、海洋药物、海洋能源、远洋渔业及海洋航运等。远洋渔业。利用海洋大数据提供的渔业资源数据以及海洋天气数据，可以帮助出海捕捞的渔船更精准地找到目标鱼群的位置，提升捕捞效率。海水养殖。对于海水养殖业来说，利用海洋大数据监测养殖环境指标，并且适时调整养殖环境，就可以提高养殖产量。海洋药物领域将信息技术与药物设计相结合，助推新药的研发。海洋能源通过大数据分析，优化油气管道运输环节，节省时间和成本。海洋航运通过信息化平台实现数字信息收集处理、网络传输、航运信息可视化。

海洋安全。海洋环境监测。基于实时海水指标数据以及水文数据等，制定周期性海洋环境质量公报实时进行海况预警报，制作海洋预警报公报，向社会预报海洋灾害的生成与爆发。海洋管理优化。依据海洋大数据，可对海洋交通运输航道进行改善，挖掘事故多发区域原因，规划交通航线；根据海洋环境数据，分析自然灾害发生概率，为渔业从业人员提供海水养殖保险以及渔船保险。海洋军事安全。利用信息化新技术、新装备对中国中近海区，特别是近邻周边国家的海区进行精确测量，积累数据，也能在一定程度上加强我国边界安全。

海洋保护。涉及海洋环境监督与评价、海洋保护区建设与管理、海洋环境监督与管理、海洋污染监控与防治、海洋突发事件应急管理等。

第三节　海洋电子信息产业大数据概览

一、企业数量

截至 2022 年年底，国内共监测到海洋电子信息产业相关企业 8 574 家，其中感知体系相关企业 1 982 家，占 23.1%；传输体系相关企业 923 家，占 10.7%；数据体系相关企业 5 503 家，占 64.1%；应用体系相关企业 80 家，占 0.9%；基础材料和电子元器件相关企业 86 家，占 1.0%。"十三五"以来，海洋电子信息产业进入快速发展期，新增企业 7 717 家，占企业总量的 90%。2021 年、2022 年企业数量持续快速增长，新增企业分别达 2 283 家、2 847 家，增速达 24.7%。见图 6-2。

从注册资本看，海洋电子信息产业企业规模总体较小。注册资本在 1 000 万以下的企业占企业总数的 63.8%，1 000 万~5 000 万的企业占 28.6%，5 000 万~1 亿元企业占 4.5%，1 亿元及以上的企业占 3.0%。其中注册资本超 10 亿元的企业主要有青岛国实科技集团有限公司、江苏中天科技股份有限公司、青岛汉缆股份有限公司、中航宝胜海洋工程电缆有限公司、中船电子科技有限公司等。注册资本前 10 企业见表 6-2。

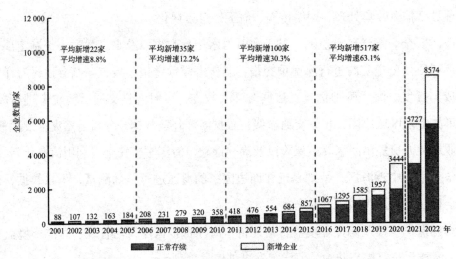

图6-2　2001—2022年海洋电子信息产业企业增长趋势

表6-2　海洋电子信息产业注册资本前10企业

序号	企业名称	成立时间	注册资本（亿元）	所在城市	相关业务
1	青岛国实科技集团有限公司	2015	44.5	青岛	海洋大数据
2	江苏中天科技股份有限公司	1996	34.1	南通	海缆
3	青岛汉缆股份有限公司	1989	33.3	青岛	海缆
4	中航宝胜海洋工程电缆有限公司	2015	15.0	扬州	海底电缆、海底光缆
5	中船电子科技有限公司	2013	10.0	北京	水声通信
6	中电科海洋信息技术研究院有限公司	2013	8.9	三亚	海洋信息系统设计、集成与信息服务
7	宁波东方电缆股份有限公司	1998	6.8	宁波	海缆
8	北京海兰信数据科技股份有限公司	2001	6.1	北京	海洋大数据
9	西安天和防务技术股份有限公司	2004	5.2	西安	水下无人自主航行器
10	海鹰企业集团有限责任公司	1987	5.0	无锡	海洋测绘仪器、水文与环境监测仪器

二、招聘情况

2018年监测以来，海洋电子信息产业相关企业的薪酬水平总体平稳增长。2018—2022年招聘月薪分别为 8 774 元、8 045 元、8 083 元、11 996 元和 11 201 元，均高于当年海洋新兴产业平均薪酬。2022 年海洋电子信息产业招聘月薪与 2021 年基本持平，月薪超过 11 000 元。

2018—2022 年，招聘活跃的企业主要有北京海兰信数据科技股份有限公司、西安天和防务技术股份有限公司、博雅工道（北京）机器人科技有限公司等，招聘数量较多的企业主要分布在北京、广州、青岛等城市，见表 6-3。

表 6-3　2018—2022 年海洋电子信息产业招聘数量前 10 企业

序号	企业名称	招聘薪酬（元）	所在城市	相关业务
1	北京海兰信数据科技股份有限公司	13 456	北京	海洋大数据
2	西安天和防务技术股份有限公司	8 421	西安	水下无人自主航行器
3	博雅工道（北京）机器人科技有限公司	9 774	北京	水下机器人
4	江苏中天科技股份有限公司	8 012	南通	海缆
5	青岛励图高科信息技术有限公司	8 669	青岛	智慧渔业
6	厦门斯坦道科学仪器股份有限公司	8 264	厦门	环境监测专用仪器仪表
7	杭州浅海科技有限责任公司	6 617	杭州	浮标、ADCP、CTD 等海洋探测仪器、智慧海洋信息化
8	西安天伟电子系统工程有限公司	13 200	西安	水下无人潜航器（AUV、ROV、滑翔器）、海洋水文观测温盐深探测系统、水声探测系统
9	广东海启星海洋科技有限公司	10 303	广州	测绘服务，海洋服务
10	青岛罗博飞海洋技术有限公司	8 805	青岛	水下机器人、光学传感器、浮标、应用解决方案

三、融资

2018—2022 年，海洋电子信息产业共有 87 家企业发起融资 141 次，披露融资金额超过 241 亿元。2022 年，海洋电子信息产业共有 21 家企业发起公开融资 25 次，披露融资金额 4.15 亿元，相比 2021 年融资企业数量减少 7 家，融资次数减少 13.8%，融资金额下降 114.4 亿元。见图 6-3。

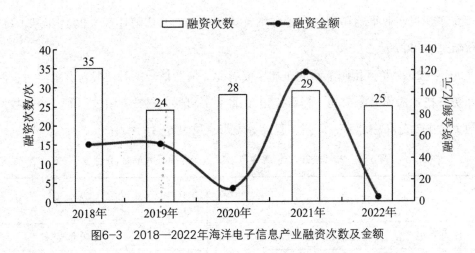

图6-3　2018—2022年海洋电子信息产业融资次数及金额

2018—2022年，融资次数较多的企业有：博雅工道（北京）机器人科技有限公司和南京牧镭激光科技有限公司，各获5次融资，分别披露融资1.3亿元和0.1亿元。其次为深之蓝海洋科技股份有限公司和深圳鳍源科技有限公司，各获3次融资，分别披露融资5.7亿元和0.2亿元。其他企业融资次数在2次以下。

另外，披露融资金额较多的企业主要有：中船重工海声科技有限公司，2018年被中国海防收购，获融资32.5亿元；海鹰企业集团有限责任公司2019年被中船科技收购，获融资21.1亿元；江苏亨通海洋光网系统有限公司2021年获国家开发银行、中信产业基金、建设银行等战略投资，获融资15.0亿元；华海智汇技术有限公司2019年被亨通光电出资10亿元收购；北京海兰信数据科技股份有限公司通过主板定向增发获融资6.6亿元。融资金额前10企业见表6-4。

表6-4　2018—2022年海洋电子信息产业融资金额前10企业

序号	企业	披露融资金额（亿元）	所在城市	相关业务
1	中船重工海声科技有限公司	32.5	宜昌	水声传感器
2	海鹰企业集团有限责任公司	21.1	无锡	海洋测绘仪器、水文与环境监测仪器
3	江苏亨通海洋光网系统有限公司	15.0	常熟	光缆、光通信设备
4	华海智汇技术有限公司	10.0	天津	海洋通信，跨洋海底光缆系统建设和集成
5	北京海兰信数据科技股份有限公司	6.6	北京	海洋大数据

续表

序号	企业	披露融资金额（亿元）	所在城市	相关业务
6	深之蓝海洋科技股份有限公司	5.7	天津	水下智能装备
7	北京中科海讯数字科技股份有限公司	4.8	北京	水声通信
8	西安天伟电子系统工程有限公司	4.5	西安	水下机器人
9	哈尔滨哈船导航技术有限公司	1.9	哈尔滨	环境监测专用仪器仪表
10	青岛杰瑞自动化有限公司	1.3	青岛	卫星通信导航系统

四、招投标

2018—2022年招标数量分别为254项、137项、164项、506项和2292项，合计3353项，五年年均增长73.3%。海鹰企业集团有限责任公司、江苏中天科技股份有限公司、青岛杰瑞自动化有限公司、青岛杰瑞工控技术有限公司的招标数量都在百项以上，招标数量合计占总量的24.9%。2022年，招标数量出现大幅增长，共监测62家海洋信息企业发布招标项目2292项，招标企业数量较2021年增加55.0%，招标数量是上年的4.5倍。

中标市场稳步增长，2018—2022年中标数量分别为1919项、1730项、2965项、3116项和5250项，合计14980项，五年年均增长28.6%。中天科技海缆股份有限公司、青岛汉缆股份有限公司、厦门斯坦道科学仪器股份有限公司、宁波东方电缆股份有限公司的中标数量都在百项以上。2022年，中标项目大幅增长，共监测658家海洋信息企业发布的中标项目5250项，中标企业数量较2021年增加48.5%，中标数量增长68.5%。2018—2022年海洋电子信息产业招标数量前5企业见表6-5，中标数量前5企业见表6-6。

表6-5 2018—2022年海洋电子信息产业招标数量前5企业

序号	企业	招标数量（项）	所在城市	相关业务
1	海鹰企业集团有限责任公司	313	无锡	海洋测绘仪器、水文与环境监测仪器
2	江苏中天科技股份有限公司	212	南通	海缆
3	青岛杰瑞自动化有限公司	171	青岛	卫星通信导航系统

序号	企业	招标数量（项）	所在城市	相关业务
4	青岛杰瑞工控技术有限公司	140	青岛	海洋智能系统
5	中航宝胜海洋工程电缆有限公司	44	扬州	海底电缆、海底光缆、光电复合缆、海底特种电缆

表 6-6　2018—2022 年海洋电子信息产业中标数量前 5 企业

序号	企业	中标数量（项）	所在城市	相关业务
1	中天科技海缆股份有限公司	333	南通	海缆
2	青岛汉缆股份有限公司	239	青岛	海缆
3	厦门斯坦道科学仪器股份有限公司	164	厦门	环境监测专用仪器仪表
4	宁波东方电缆股份有限公司	152	宁波	海缆
5	杭州浅海科技有限责任公司	73	杭州	海洋仪器

五、专利创新情况

2018—2022 年，海洋电子信息产业发明专利申请数量稳步增长，分别为 1 678 件、1 884 件、2 951 件、3 026 件、3 104 件，合计申请 12 643 件，五年年均增长 16.6%。其中，江苏中天科技股份有限公司、海鹰企业集团有限责任公司、中天科技海缆股份有限公司、西安天和防务技术股份有限公司的发明专利申请数量均在百件以上。2022 年的发明申请量较 2021 年出现小幅增长，641 家海洋电子信息企业共申请发明专利 3 104件，企业数量较 2021 年增加 119 家，增长 22.8%，发明专利申请数量较上年增长2.6%。

从授权专利数量来看，2018—2022 年发明授权专利分别为 388 件、345 件、667 件、996 件和 1 222 件，合计授权 3 618 件，五年年均增长 33.2%。江苏中天科技股份有限公司、北京海兰信数据科技股份有限公司、中天科技海缆股份有限公司、深之蓝海洋科技股份有限公司、海鹰企业集团有限责任公司位列前五位，发明授权量在 30 件以上。2022 年的发明授权量较 2021 年出现大幅增长，增幅达 226 件，增长 22.7%。重点授权专利涉及超低损耗光纤制备工艺、光纤预制棒制造方法、雷达组网部署优化方法、基于遗传算法的航线规划方法、基于深度学习的航海雷达目标检测方法、无人艇自主避障方法、无人遥控潜水器电力和通讯数据传输系统等。

从转化专利数量来看，2018—2022 年，专利转化数量总体呈增长态势，分别转化 68 件、64 件、210 件、135 件、141 件，合计 618 件，五年年均增长 20.0%，其中 2020 年达到峰值 210 件，2022 年比 2021 年增长 4.4%。专利转化数量较多的企业有江苏中天科技股份有限公司、上海彩虹鱼海洋科技股份有限公司、深之蓝海洋科技股份有限公司、华海智汇技术有限公司，位居首位的江苏中天科技股份有限公司转化数量达 32 件。转化的专利技术涉及海底光纤复合电力电缆接头盒连接工艺、集束蝶形光缆制作方法、沉降式海底观测装置、海洋内波声学探测方法、浮力可调的小型水下机器人平台、相控阵三维声学摄像声呐的阵处理方法、缆控水下机器人收放控制方法等。2018—2022 年海洋电子信息产业新增发明专利数量见图 6-4。发明专利申请数量前 10 企业见表 6-7，转化专利数量前 5 企业见表 6-8。

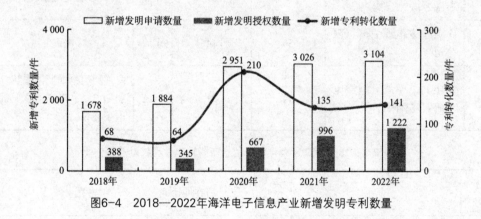

图6-4　2018—2022年海洋电子信息产业新增发明专利数量

表 6-7　2018—2022 年海洋电子信息产业发明专利申请数量前 10 企业

序号	企业	发明专利申请量（件）	发明专利授权量（件）	所在城市	相关业务
1	江苏中天科技股份有限公司	517	175	南通	海缆
2	海鹰企业集团有限责任公司	195	32	无锡	洋测绘仪器、水文与环境监测仪器

续表

序号	企业	发明专利申请量（件）	发明专利授权量（件）	所在城市	相关业务
3	中天科技海缆股份有限公司	135	45	南通	海缆
4	西安天和防务技术股份有限公司	115	25	西安	水下无人自主航行器
5	北京海兰信数据科技股份有限公司	82	57	北京	海洋大数据
6	博雅工道（北京）机器人科技有限公司	81	8	北京	水下机器人
7	深之蓝海洋科技股份有限公司	80	34	天津	水下智能装备
8	江苏亨通海洋光网系统有限公司	73	21	常熟	光缆、光通信设备
9	宁波东方电缆股份有限公司	56	14	宁波	海缆
10	中电科（宁波）海洋电子研究院有限公司	54	21	宁波	海洋环境剖面监测系统，船舶电子、海洋信息关键电子装备

表 6-8　2018—2022 年海洋电子信息产业转化专利数量前 5 企业

序号	企业	专利转化数量（件）	所在城市	相关业务
1	江苏中天科技股份有限公司	32	南通	海缆
2	上海彩虹鱼海洋科技股份有限公司	10	上海	海洋大数据
3	深之蓝海洋科技股份有限公司	9	天津	水下智能装备
4	华海智汇技术有限公司	7	天津	海洋通信，跨洋海底光缆系统建设和集成
5	江苏水声技术有限公司	3	南京	水声器、声呐、水声设备

六、区域分布

监测数据显示，海洋电子信息产业企业主要集中在广东、江苏、山东、浙江、福建、海南、辽宁、天津、上海等沿海省市，其中广东、江苏、山东的企业数量位居前三位，分别为 1 218 家、1 114 家和 1 001 家，占企业总量的 14.1%、12.9% 和 11.6%，合计占比 38.7%。浙江、福建、海南、辽宁、天津、上海的企业数量占比在 3.0%~7.0% 之间。见图 6-5。

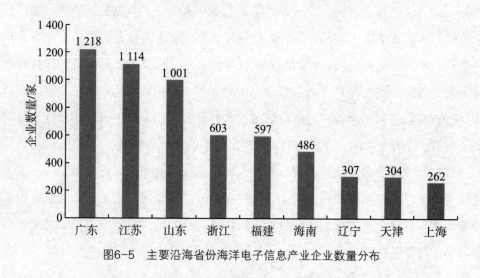

图6-5　主要沿海省份海洋电子信息产业企业数量分布

第四节　海洋电子信息创新链和产业链布局

基于海洋电子信息产业链分布和产业大数据分析结果，海洋电子信息产业相关企业主要分布在北京、广州、青岛、南京、深圳、天津、西安、上海、杭州、厦门等城市，这十个城市企业数量之和占全国总量的 44% 以上。其中北京和广州数量相当，分别占全国的 7.6% 和 7.4%；其后是青岛和南京，各占 5.9% 和 4.5%。

通过行业报告、专利信息、文献检索等渠道，综合企业主营业务、企业融资活动、专利创新现状、招投标项目分布、重点招聘方向等要素，形成国内海洋电子信息产业链主要环节的代表性企业和重点高校院所，见表 6-9。分析显示，感知体系的企业主要来自无锡、青岛、杭州、西安、南京等城市，业务范围集中在海洋传感器、水声探测、水下观测平台、海底观测网等领域，重点企业有海鹰企业集团有限责任公司、山东省海洋仪器仪表科技中心有限公司、厦门斯坦道科学仪器股份有限公司、中船重工海声科技有限公司、博雅工道（北京）机器人科技有限公司等。传输体系的企业主要分布在青岛、南通、北京等城市，在海底光缆、水声通信、卫星通信领域进行重点布局，重点企业有江苏亨通海洋光网系统有限公司、江苏中天科技股份有限公司、北京中科海讯数字科技股份有限公司、中船电子科技有限公司等。数据体系的企业多来自北京、青岛、上海、深圳、广州等城市，主要从事海洋大数据挖掘应用、海洋智能系统开发、人工智能应用软件开发、数据处理和存储服务等业务，重点企业有北京海兰信数据科技股份有限公司、青岛国实科技集团有限公司、上海彩虹鱼海洋科技股份有限公司、易海陆圆（山东）数字技术有限公司等。应用体系的企业主要有广东海启星海洋科技有限公司、青岛励图高科信息技术有限公司、中电科海洋信息技术研究院有限公司等，在智慧海洋、海洋测绘、海洋信息系统集成等领域进行应用开发。

　　高校院所主要分布在北京、青岛等城市，重点高校有中国海洋大学、哈尔滨工业大学、天津大学、哈尔滨工程大学、浙江大学、厦门大学等，主要研究院所有山东省科学院海洋仪器仪表研究所、中国科学院海洋研究所、中国科学院声学研究所、自然资源部第一海洋研究所等。

表6-9　海洋电子信息产业链和创新链全景图

一级分类	重点企业	主要高校院所
感知体系	青岛道万科技有限公司 杭州浅海科技有限责任公司 青岛海研电子有限公司 无锡市海鹰加科海洋技术有限责任公司 山东省经海仪器设备有限公司 海鹰企业集团有限责任公司 厦门斯坦道科学仪器股份有限公司 中船重工海声科技有限公司 北京蔚海明祥科技有限公司 北京海卓同创科技有限公司 深之蓝海洋科技股份有限公司 博雅工道（北京）机器人科技有限公司	中国海洋大学 天津大学 哈尔滨工程大学 浙江大学 中国科学院海洋研究所 自然资源部第一海洋研究所 山东省科学院海洋仪器仪表研究所

续表

一级分类	重点企业	主要高校院所
传输体系	江苏亨通光电股份有限公司 宝胜科技创新股份有限公司 江苏中天科技股份有限公司 宁波东方电缆股份有限公司 青岛汉缆股份有限公司 中国船舶重工集团海洋防务与信息对抗股份有限公司 北京中科海讯数字科技股份有限公司 苏州桑泰海洋仪器研发有限责任公司 中船电子科技有限公司 海底鹰深海科技股份有限公司 深圳市智慧海洋科技有限公司	哈尔滨工程大学 浙江大学 中国海洋大学 西北工业大学 厦门大学 中国科学院声学研究所
数据体系	北京海兰信数据科技股份有限公司 上海彩虹鱼海洋科技股份有限公司 青岛国实科技集团有限公司 青岛杰瑞工控技术有限公司 易海陆圆（山东）数字技术有限公司 青岛国实数据服务有限公司	中国海洋大学 天津大学 中国科学院海洋研究所
应用体系	航天宏图信息技术股份有限公司 上海普适导航科技股份有限公司 新诺北斗航科信息技术（厦门）股份有限公司 广东海启星海洋科技有限公司 中电科海洋信息技术研究院有限公司 浙江易航海信息技术有限公司 中船（浙江）海洋科技有限公司 青岛励图高科信息技术有限公司 广东华风海洋信息系统服务有限公司	中国海洋大学 中国科学院海洋研究所 自然资源部第一海洋研究所 国家海洋技术中心

一、重点企业画像

基于海洋电子信息产业链分布，筛选部分上市企业、头部企业、高新技术企业、瞪羚企业、专精特新小巨人企业等15家代表性企业进行画像分析。感知环节有青岛道万科技有限公司、青岛海研电子有限公司、海鹰企业集团有限责任公司、博雅工道（北京）机器人科技有限公司、深之蓝海洋科技股份有限公司；传输环节有北京中科海讯数字科技股份有限公司、江苏亨通海洋光网系统有限公司、中天科技海缆股份有限公司；数据环节有北京海兰信数据科技股份有限公司、上海彩虹鱼海洋科技股份有限公司、易海陆圆（山东）数字技术有限公司、青岛国实科技集团有限公司；应用环节有青岛励图高科信息技术有限公司、广东海启星海洋科技有限公司、青岛杰瑞工控技术有限公司。15 家企业的重点研发方向、研发人员、研发平台、专利布局等情况见表 6-10—表 6-24。

（一）感知体系

表 6-10　青岛道万科技有限公司

企业名称	青岛道万科技有限公司
企业类型	高新技术企业
基本信息	逐步掌握了高精度温盐深仪的全部核心技术，填补了国内温盐深仪技术的空白。道万温盐深仪的核心器件全部自主研发生产或国内采购，整机国产化率达 99%，完全突破国外技术封锁限制，关键技术实现自主可控。目前，道万累计销售数百台（套）产品，客户包括中国海洋大学、中船重工 715 研究所、中船重工 722 研究所、中国科学院声学研究所、生态环境部国家海洋环境监测中心、哈尔滨工程大学、中国科学院南海海洋研究所、自然资源部第一海洋研究所等海洋研究机构。
研发方向	高精度温盐深仪
研发人员	有 20 余人的研发团队。
专利布局	拥有国内外相关技术专利 24 项，其中发明专利 8 项、实用新型 13 项、外观设计 3 项。授权发明专利：一种海洋用耦合传输温深链及其使用方法；一种船载抛弃式温深仪及其使用方法；一种便于携带的温盐深测量仪及其方法；一种特种温度压力测量仪及其方法；用于 Argo 浮标的温盐深测量仪及其方法等。

表 6-11　青岛海研电子有限公司

企业名称	青岛海研电子有限公司
企业类型	高新技术企业；专精特新中小企业；瞪羚企业
基本信息	青岛海研电子有限公司成立于 2014 年 1 月，是一家集海洋观监测设备技术研发、生产、服务及海洋大数据为一体的高新技术企业。主要涉及地球物理、物理海洋、海洋地质、海洋环境等多个领域，致力于为用户提供定制化产品、设备实施服务及整体解决方案。公司在海洋传感器、边缘计算、信号处理、海洋物联网通讯、海洋仪器供电及能源管理，海洋大数据应用等领域获取了多项核心技术。
研发方向	海洋观监测设备

续表

研发人员	有 60 余人的研发团队。
专利布局	拥有国内外相关技术专利 87 项，其中发明专利 48 项、实用新型 29 项、外观设计 10 项。授权发明专利：海水取样装置及海水取样系统；一种具有自毁功能的海洋漂流浮标；一种温盐深链；一种海浪方向谱漂流波浪浮标及海浪方向谱估计方法；一种利用 3D 水下声呐系统实时建立三维虚拟图像的方法；一种双通道正交锁相溶解氧传感装置、系统及方法；一种小型走航式连续温盐剖面观测系统；水下声呐、水下航行器及水下航行器在宽广水域巡航方法。

表 6-12 海鹰企业集团有限责任公司

企业名称	海鹰企业集团有限责任公司
企业类型	高新技术企业
基本信息	海鹰企业集团有限责任公司始建于 1958 年，是一家技术密集、科研生产一体化的国家高新技术企业，现隶属于中国船舶工业集团公司。 多年来，企业以"科研＋生产"模式，研制生产军用声呐及换能器产品。为海军提供了数千台装备，在我国远洋考察船、运载火箭、卫星等重大国防工程项目中作出积极贡献。企业走好"军民结合"之路，相继研发成功民用水声产品、医用 B 型超声诊断仪及探头系列、纺织电子产品、压电陶瓷、传感器、电子变压器、测深仪等民品，塑造了具有较大影响的"海鹰"品牌。公司在海洋水声仪器设备的开发研究方面取得较快发展。目前，达到国外同类产品先进水平的新型精密测深仪已成功推向市场。
研发方向	海洋水声仪器设备
研发人员	高中级职称技术人员 150 余人，获国家特贴、有突出贡献专家 20 余名
专利布局	拥有声呐、换能器、海军装备等方面的专利 416 项，其中发明专利 255 项、实用新型 159 项、外观设计 2 项。其中重点专利：一种应急隔离系统、一种负压转运舱、一种基于信息级的舰壳声呐探测性能模拟系统、一种聚氨酯灌注封装换能器表面缺陷修复处理方法、一种水下电子设备强化散热结构、一种高效无损制备多基元晶片组件的方法、一种船用设备姿态稳定装置、一种新型的电子负载测试仪、一种基于国产化 FPGA 芯片的波束形成方法等。
融资	2019 年获得 1 次融资，融资额超过 21.1 亿元。

表 6-13 博雅工道（北京）机器人科技有限公司

企业名称	博雅工道（北京）机器人科技有限公司
企业类型	高新技术企业；专精特新小巨人企业；专精特新中小企业；瞪羚企业

基本信息	博雅工道（北京）机器人科技有限公司成立于 2015 年，注册资金 1 397.922 1 万元，位于北京。是一家集水下装备设计、研发、生产、销售和水下作业整体解决方案为一体的国家级高新技术企业，是国内领先的海洋智能装备企业。主要面向我国海洋新能源、船舶、交通运输、装备制造、科学研究、油气业、渔业等相关产业，提供海洋安全监测装备、海洋数据信息系统、行业解决方案及水下地理信息与水下资产相关运维服务。 公司总部位于北京市亦庄经济开发区，在安徽省天长市、江苏省南京市、海南省海口市、山东省青岛市分别设有研发中心及生产基地。自主研发了多款拥有不同功能、应用于不同场景的海洋智能装备，包括水下机器人、水下滑翔机、水下无人艇、海洋仪器仪表、水下悬浮机器人、管道检测机器人、水下履带机器人、深海型水下机器人、水中运动装备等多领域几十余款产品。在水下资产运维服务领域及水下地理信息数据化产业方面处于领先地位。
研发方向	水下机器人设备及关键零配件、水下仿生、运动控制、水下通讯、水下协同等关键性技术
研发人员	研发人员来自北京大学、牛津大学、人民大学、吉林大学等国内外高校，现有员工 160 余人，其中研发技术人员 80 余人（硕士以上学历 40 余人），生产装配人员 30 余人（专业生产管理 6 人），项目管理人员 10 余人（均为硕士以上学历）。
专利布局	拥有国内外相关技术专利 266 项，其中授权发明专利 12 项、发明申请 75 项、实用新型 152 项、外观设计 27 项。授权发明专利：一种机器鱼鱼尾结构，一种水下机器人组件以及水下机器人，一种仿生水下机器鱼双目立体测距方法
融资	2015—2022 年期间共获得 8 次融资，累计融资额过亿元。2022 年 10 月获海南有鲲私募基金管理公司的股权投资。

表 6-14 深之蓝海洋科技股份有限公司

企业名称	深之蓝海洋科技股份有限公司
企业类型	高新技术企业；专精特新小巨人企业；小微企业；瞪羚企业
基本信息	深之蓝海洋科技股份有限公司成立于 2013 年，是一家专注于水下智能装备自主研发、生产、销售的创新型科技企业。公司主要提供缆控潜水器（ROV）、自主水下航行器（AUV）和水下滑翔机（AUG）、COPEX 浮标产品及行业解决方案，产品在海洋资源调查、海洋测绘、水下安防、水利水电、交通运输、救助打捞等领域发挥重要作用。深之蓝是中国潜水打捞行业协会理事会员单位，是获人社部批准设立的博士后科研工作站，公司先后被评为国家高新技术企业、国家级专精特新"小巨人"企业。深之蓝在水下潜器的总体设计和制造、水下动力推进、水下系统控制、水下导航定位、全海深动／静密封等多个技术领域实现了大量技术积累，同时在水域救援、水下大坝检测、水下长隧洞检测等方向形成了贴合客户需求的行业解决方案。

研发方向	水下潜器、智能制造
研发人员	汇集了 180 余人的技术团队
专利布局	拥有水下潜器、推进器、助推装置、水下机器人等方面的专利 237 项，其中发明专利 108 项、实用新型 108 项、外观设计 23 项。其中重点专利：水下助推装置及水下机器人、多角度收放缆装置、一种推进器及其制作方法、自动避碰的无线遥控无人潜水器和自动避碰方法、用于水尺检测的无缆遥控无人潜水器和水尺检测的方法、基于仿真平台的水下机器人抗流性能的测试方法及装置、一种水下机器人系统等。
融资	2015、2017、2018、2020 年共获得 6 次融资，累计融资额超过 7.8 亿元。

（二）传输体系

表 6-15 北京中科海讯数字科技股份有限公司

企业名称	北京中科海讯数字科技股份有限公司
企业类型	A 级纳税人、企业技术中心
基本信息	北京中科海讯数字科技股份有限公司成立于 2005 年，是一家立足于海洋工程和水声工程领域的高科技上市企业，专注于高性能信号处理平台、声呐系统、仿真系统和大数据应用等产品的研制开发。公司与中科院声学所、中船重工和中船工业相关单位建立了良好的合作关系，作为总体单位或核心配套单位承研完成了多个重要项目。近年来，公司结合新兴技术发展，在水声高性能信号处理平台、无人平台、水声大数据应用领域积极开拓，并取得了丰硕成果。
研发方向	海洋工程、水声工程
研发人员	公司拥有员工 219 人，其中研发人员 166 人，占员工总数的 75%；其中博士 12 人，硕士 49 人。
专利布局	拥有国内外相关技术专利 58 项，其中发明专利 42 项、实用新型 13 项、外观设计 3 项。授权发明专利：一种主动声呐复杂编码信号多普勒分级搜索的方法；基于水声数据综合态势下的航迹优化方法；主动连续波声呐探测系统及编码连续波信号设计方法；通信协议数据实时自动跟踪系统；一种基于多基地声呐的蛙人和水下航行器探测装置；一种基于蓝绿激光的蛙人和水下航行器探测装置。
融资	2015—2019 年期间共获得 3 次融资，前两次未披露融资金额，2019 年 IPO 融资 48500 万元。

表 6-16 江苏亨通海洋光网系统有限公司

企业名称	江苏亨通海洋光网系统有限公司
企业类型	高新技术企业、瞪羚企业、专精特新小巨人

续表

基本信息	江苏亨通海洋光网系统有限公司成立于2015年,业务覆盖海洋通信(跨洋通信系统)、海洋信息(海底观测网系统、水下特种缆系统、海洋探测及安防系统、海洋牧场、海上油气平台等系统解决方案)、水生态感知(水利、水务、气象信息化及信息化运维)以及智慧+业务(智慧海洋、智慧城市)等。拥有超万千米海底光缆系统的存储能力,可承接上万千米跨洋通信海底光缆系统项目。海底中继器及分支器的集成平台可满足多个跨洋通信海缆系统项目的同时集成。亨通海洋拥有自己独立的港口,已建成2个2万吨级码头,可满足国际海缆专业施工船的装船需要。
研发方向	海底光纤、海底光缆、海底电缆、海底光电复合缆
研发人员	汇集了300余人的技术研发团队
专利布局	拥有海底光缆、复合缆等方面的专利145项,其中发明专利96项、实用新型49项。其中重点专利:一种可回收的水下能量供给与数据交换平台及回收方法、一种分布式光纤传感系统的扰动快速鉴别方法及系统、一种用于大长度海光缆发货的装置、一种光电复合缆多层钢管焊接工艺及连续油管探测光缆、一种海底光缆立式反复弯曲自动化测试装置、一种PCB板插拔工装、一种可监测电性能的海陆缆接头盒及其电性能监测方法、一种并联电源模块短路保护系统及方法等。
融资	2021年共获得2次融资,累计融资额超过30亿元。

表6-17　中天科技海缆股份有限公司

企业名称	中天科技海缆股份有限公司
企业类型	高新技术企业、民营科技企业、企业技术中心、隐形冠军企业、火炬计划、制造业单项冠军
基本信息	中天科技海缆股份有限公司于2004年10月29日成立,已具备交流500 kV及以下海缆和陆缆、直流±400 kV及以下海缆、直流±535 kV及以下陆缆的研发制造能力。其中,海缆为公司业务发展重点,主要包括交流海底电缆、柔性直流海底电缆、脐带缆、动态海缆、海底光缆等类别。 在特种海缆领域,公司完成了拖曳缆、动态海缆、脐带缆、集束海缆等产品的研制,先后为我国"海马号""沧海号"等深海探测领域重大装备开展海洋科考提供了通信和能源传输保障,并作为国内唯一企业参与了国际大电网(CIGRE)"动态海底电缆推荐测试标准"制定工作,为全球动态海缆领域的发展贡献了力量。
研发方向	海缆、陆缆、特种海缆
研发人员	现有研发和试验人员263人

续表

专利布局	拥有海缆、电缆、光缆等方面的专利391项,其中发明专利232项、实用新型159项。其中重点专利:高压电缆的制备方法及高压电缆、动态海缆锚固装置及动态海缆系统、电力电缆的生产方法及电力电缆、直流复合海缆及直流复合海缆的制造方法、电缆和电缆的制造方法、动态缆组件及动态缆系统、海底光缆的测试方法和装置、存储介质及电子设备、扩径导体电缆及扩径导体电缆的制备方法、光纤连接器、非金属铠装杆的接续方法、脐带缆及海底光缆。
融资	2016、2019年共进行2次融资,未披露交易金额。

(三)数据体系

表6-18 北京海兰信数据科技股份有限公司

企业名称	北京海兰信数据科技股份有限公司
企业类型	创业板上市企业;高新技术企业;专精特新小巨人企业;专精特新中小企业;瞪羚企业
基本信息	北京海兰信数据科技股份有限公司是一家立足于航海智能化和海洋信息化领域的高科技企业,公司成立于2001年,位于北京市,在上海、广东、青岛、海南、南通、武汉等地设有分支机构,注册资本69 389.918 6万元,2004年成为海军装备供应商,2010年3月26日在深圳证券交易所上市。业务范围已覆盖航海领域的商船、海工特种船、公务船、渔船、舰船等多种船型,以及海洋信息化领域的物理海洋、海洋测绘、水下工程,海底观测、海上无人系统、海域管理等。 海兰信遵循"自主研发为基础、国际合作创一流"的研发理念,先后攻克船舶综合导航、雷达极小目标探测、海浪探测、溢油探测、船岸数据压缩传输、船舶辅助自动驾驶、船岸一体化信息服务等多项关键技术,已形成航海智能化和海洋信息化两大产品系列,并广泛应用于民用和军用领域。
研发方向	雷达、智能航海、智慧海洋
研发人员	汇集了200余人的国际化研发团队
专利布局	拥有导航雷达跟踪、通信、自动操舵仪等方面的专利152项,其中授权发明专利64项、发明申请40项、实用新型14项、外观设计34项。其中重点专利:一种船用导航雷达数据互联的多目标跟踪方法及系统;一种OPCUA与DDS协议信号转换装置、通信系统及通信方法;一种船用导航雷达航迹管理的多跟踪目标跟踪;基于遗传算法的航线规划方法;一种雷达目标的校准方法及装置;自动操舵仪。
融资	2002、2009、2010、2018年共获得4次融资,累计融资额超过11.174 3亿元。

表6-19 上海彩虹鱼海洋科技股份有限公司

企业名称	上海彩虹鱼海洋科技股份有限公司
企业类型	高新技术企业;小微企业

基本信息	彩虹鱼集团公司是一家致力于以深渊科学技术为创新抓手,拓展覆盖全海域、全海深、多领域的海洋高科技公司,公司总部位于中国上海临港自贸区新片区。 彩虹鱼公司联手上海海洋大学深渊科学技术研究中心和西湖大学深海技术研究中心,由原"蛟龙"号第一副总设计师、国家深潜英雄崔维成教授作为领军科学家,研制以"万米级载人深潜器"为龙头的世界领先的"深渊科学技术流动实验室"系列。彩虹鱼致力于将研究成果进行产业化市场化开发应用,目前已经发展形成了海洋信息科技、海洋大数据、深海装备智能制造、海洋生态环境、海洋探索旅游、海洋生物科技等海洋战略性新兴产业业务板块。
研发方向	深海科考科技服务、深海装备智能制造、深渊生命科学应用
研发人员	汇集了百余人的国际化研发团队
专利布局	拥有海洋信息科技、深海装备、深渊生物等方面的专利55项,其中发明专利32项、实用新型19项、外观设计4项。其中重点专利:用于布放回收系统的组合制动装置、管道机器人翻转自救系统、水下隧洞检测装置、一种海底影像采集着陆器、用于无人艇的外转子无刷电机的循环冷却系统、海浪测量装置和用于测量海浪的方法、用于重建水下图像颜色的方法和装置、船用喷射矢量转向装置、水下机器人操作箱。

表6-20 易海陆圆(山东)数字技术有限公司

企业名称	易海陆圆(山东)数字技术有限公司
企业类型	A级纳税人;企业技术中心;小微企业;高新技术企业
基本信息	易海陆圆(山东)数字技术有限公司公司成立于2012年11月,具有央企背景的国有控股企业。 十年来深耕智慧城市、智能交通、智慧海洋、智能网联、数字文化等领域,累计完成了30多亿的项目交付与运营,服务了上百个政府、企事业单位和军队,累计申请专利45项、软著81项、取得行业资质和荣誉32项。近年来先后获得中国电子信息行业创新贡献十强、全国电子信息行业优秀企业、山东省电子信息行业标杆企业、山东省首版次高端软件产品、首批山东省软件产业高质量发展重点项目、青岛市引进知名软件及信息技术服务企业、青岛市年度优秀大数据产品、青岛市大数据示范型企业等20多项荣誉和称号,并与诸多国家级科研院所、高校建立了战略合作关系,搭建了2个国家级、4个省级、3个市级科技平台,是山东省海洋科技领域的领军企业和山东现代海洋产业协会的监事长单位。
研发方向	大数据产业
研发人员	有60余人的研发团队。

续表

专利布局	拥有国内外相关技术专利50项，其中发明专利45项、实用新型5项。授权发明专利：基于机器视觉的高通量鱼类表型分析方法和装置；一种应用在鱼苗计数器中基于无际卡尔曼滤波的动态追踪的方法；一种基于数据上云的海洋生物原位观测的可视化装备系统及方法；一种基于改进SORT算法的鱼类计数统计的方法；一种基于三维数字地球的海洋冰层厚度场数据可视化方法及装置；一种采用自监督方式进行深度学习图像识别装置；一种基于不同数量样本的浮游生物图像分类方法；一种针对三无船舶的抓拍识别方法及装置等。
融资	2016年被收购，融资金额7 875万元。

表6-21　青岛国实科技集团有限公司

企业名称	青岛国实科技集团有限公司
企业类型	国有全资企业；高新技术企业；专精特新中小企业
基本信息	青岛国实科技集团有限公司成立于2015年2月，注册资本44.46亿元，为国有全资公司，是立足青岛、面向全国、辐射全球的海洋特色创新型科技企业集团。集团下设3家全资子公司。 集团先后获批青岛市海洋能综合试验场专家工作站、中国造船工程学会理事单位、中国海洋工程咨询协会海上风电分会常务理事单位、青岛市海上风电融合发展产业联盟成员单位、山东省智慧海洋大数据平台、山东省智能芯片与产业应用技术创新中心、山东省首批数据开放创新应用实验室。
基本信息	集团成立以来，紧紧围绕海洋科技产业，积极推进科技成果转化和产业化，着力推动海洋信息与大数据、海洋智能装备、海洋新能源和海洋生命健康等领域的产业发展，研发建成了一批具有自主知识产权的产品和服务平台，构建了"感、传、算、用"产品及服务体系。作为青岛海洋科技产业群新的生力军，集团依托众多高校、科研院所的科技创新优势，着力打造高端海洋产业生态圈，努力成为海洋科技产业引领者。
研发方向	海洋信息与大数据、海洋智能装备、海洋新能源和海洋生命健康
研发人员	有20余人的研发团队。
专利布局	拥有国内外相关技术发明专利13项。授权发明专利：应用于超级计算机的渲染系统及渲染方法；实现负载均衡的渲染方法及系统；基于超级计算机的三维模型动态渲染并行加速方法、系统；一种海洋基站结构；一种针对海洋领域NetCDF文件的数字水印溯源方法及装置；C644-0303在制备靶向抑制Wnt/β-catenin信号通路的药物中的应用；一种基于风浪流的港口船舶靠泊富裕水深的确定方法。

（四）应用体系

表 6-22　青岛励图高科信息技术有限公司

企业名称	青岛励图高科信息技术有限公司
企业类型	高新技术企业、科技型中小企业、小微企业、专精特新企业
基本信息	服务领域涵盖海洋生态环保、海洋预报减灾、海洋渔业、海水淡化、海洋交通、海洋港口、海洋能源、海洋工程、海洋装备等。拥有智慧海洋、智慧渔业两大解决方案，智慧渔船渔港、智慧水产养殖、智慧海洋牧场等八大产品体系，叮咚渔医、智慧海洋气象平台、中国海洋牧场门户网三大互联网平台，海洋大数据、渔业大数据两大大数据平台以及智慧海洋圈子资讯平台。
研发方向	人工智能、大数据、地理信息系统（GIS）、遥感系统（RS）、虚拟仿真
研发人员	汇集了 50 余人的国际化研发团队
专利布局	拥有人工智能、大数据、信息系统等方面的专利 16 项，其中发明专利 12 项、实用新型 4 项。其中重点专利：一种基于深度学习技术的船牌号检测方法、一种基于深度学习技术的渔船船牌号识别方法及系统、一种基于地图服务的高密度船位动态渲染系统、一种基于深度学习的自动标注方法及系统、一种金鲳鱼智慧养殖监控预警系统及方法、一种根据环境参数对海水养殖鱼类进行病害预警的系统等。

表 6-23　广东海启星海洋科技有限公司

企业名称	广东海启星海洋科技有限公司
企业类型	A 级纳税人；高新技术企业；科技型中小企业；科技小巨人企业
基本信息	广东海启星海洋科技有限公司是一家面向海洋大数据应用的整体解决方案服务商，业务汇集海洋经济、生态保护、调查监测、遥感应用、气象地质、应急减灾、军民融合等领域，通过推动新一代信息技术与海洋智能装备、海洋经济深度融合，打造"美丽与发展共赢"、人与自然和谐发展的"美丽蓝海"业务体系。公司针对业内政企客户需求，结合自身在智能观监测装备研发、海洋数据处理与应用及人工智能算法等方面的技术优势，与各科研院所及院校建立紧密合作关系，打造标准化的产品研发和定制化服务体系，全新推出了 Sea-DaaS 美丽蓝海产品与服务体系，囊括了用户使用海洋数据的各种场景和需求，为政府和涉海企业客户构筑了一系列产品和信息化系统解决方案。 作为一家高新技术企业，公司具备智能视像水位计、数据采集装置在内的 157 项专利及软著，拥有国家测绘资质、环境管理体系认证等多项资质。公司也是中国海洋学会、中国海洋工程咨询协会、广东海洋协会、国家海洋电子信息产业发展联盟、广州市科学技术协会会员单位等，被评选为"2019 广州高科技高成长 20 强企业""广东省'专精特新'民营企业扶优计划培育企业"和"广东省科普教育基地"，曾获得过广东省电子信息行业科学技术奖一等奖、广东省测绘学会测绘地理信息工程奖二等奖等奖项。

续表

研发方向	海洋装备研发；数值模拟；大数据分析应用；三维可视化技术；3S 信息技术；人工智能
研发人员	有 150 余人的研发团队。
专利布局	拥有国内外相关技术专利 66 项，其中发明专利 21 项、实用新型 34 项、外观设计 11 项。授权发明专利：一种基于 IoU 的水下多目标跟踪方法；一种基于视觉与地形标定的波浪爬高测量方法及装置；海表流场遥感探测方法及装置；基于光学卫星数据的海洋溢油事件监测实现方法及装置；基于图卷积神经网络进行台风水位预测的方法及装置；基于多网络融合的海冰等级预测方法及装置；基于融合网络的遥感图像识别方法及装置。

表 6-24　青岛杰瑞工控技术有限公司

企业名称	青岛杰瑞工控技术有限公司
企业类型	A 级纳税人；专精特新中小企业；国有企业；高新技术企业；小微企业
基本信息	青岛杰瑞工控技术有限公司成立于 2008 年 1 月，是中国船舶集团第七一六研究所在青岛开设的大型分支科研机构。业务范围涉及智慧港口、深海养殖、轨道交通等行业领域。公司研发的智能码头设备管控系统、智能引航信息服务系统、深海养殖智慧云系统、轨道交通智能运维系统、多式联运物流智能装备、石油钻修井作业智能装备等产品，重点服务于船海岸一体化工程领域。
研发方向	工业智能化系统与装备
研发人员	有 100 余人的研发团队。
专利布局	拥有国内外相关技术专利 127 项，其中发明专利 65 项、实用新型 62 项。授权发明专利：一种基于机器学习的港口航道小目标识别方法；一种可燃冰开采环境安全虚拟仿真评估系统及方法；一种基于二维装箱问题的港口泊位分配方法；一种海洋水文气象监测用辅助装置；一种深海养殖平台；一种可燃冰开采时甲烷监测传感器的布置方法；一种钻台面可折叠摆管机器人；一种深海养殖鱼类体征参数识别系统与识别方法。

二、重点科研院所画像

海洋信息技术涉及的内涵丰富，包括对海洋资源环境和态势信息的感知、通信组网传输、数据计算与融合处理、信息产品挖掘和应用服务等，随着我国加大对海洋信息行业的科技投入，大批高校科研院所进入海洋信息科研领域，如中国科学院的海洋所、声学所、南海所及海岸带所以及中船重工部分研究所，中国海洋大学、哈尔滨工程大学、上海交通大学、天津大学等。基于海洋电子信息产业链分布，筛选侧重海洋仪器技术理论研究和应用研究、海洋监测设备研究开发和产品生产、海洋应用科学研究的综合性海洋科研机构 10 家，以下为山东省科学院海洋仪器仪表研究所、中国科学院海洋研究所、中国科学院声学研究所、中国科学院上海光学精密机械研究所、自然资源部第一海洋研究所、国家海洋技术中心、中国海洋大学、浙江大学、天津大学、哈尔滨工程大学 10 家重点高校院所的研发方向、研发人员、研发平台、专利布局等情况。见表 6-25—表 6-34。

表 6-25　山东省科学院海洋仪器仪表研究所

机构名称	山东省科学院海洋仪器仪表研究所
基本信息	山东省科学院海洋仪器仪表研究所始建于 1958 年，主要从事海洋环境监测领域的基础研究、应用基础研究、关键共性技术研究及相关成果转化；建设海洋监测科技创新平台，面向社会提供公益服务等。
研发方向	智慧海洋的观测、监测、探测，海洋核心传感器、智能浮标潜标、智慧海洋信息处理技术
研发人员	海仪所编制 442 人，现有职工 270 余人，具有高级职称 100 余人，其中工程院院士 1 人，二级研究员 5 人，享受国务院政府特殊津贴 3 人，省有突出贡献中青年专家 4 人，泰山学者攀登计划专家 1 人，泰山学者特聘专家 2 人。获批山东省优秀创新团队。柔性引进院士 1 人，"长江学者"、"国家杰青" 2 人，"万人计划领军人才" 1 人。1 人获国家 "政府友谊奖"，4 人获 "齐鲁友谊奖"。设有博士后科研工作站。
研发平台	以海仪所为依托，建有国家海洋监测设备工程技术研究中心、国家海洋仪器装备国际联合研究中心、国家海洋监测设备产业技术创新战略联盟和国家海洋高技术领域成果产业化基地 4 个国家级创新平台；山东省海洋监测仪器装备技术重点实验室和山东省海洋监测设备工程实验室 2 个省级平台；山东省科学院海洋光学重点实验室 1 个校（院）级平台。
专利布局	共申请专利 1005 项，其中发明专利 471 项、实用新型 518 项、外观设计 150 项，其中关于海洋环境监测领域的重点专利有：基于双导模共振效应的海水温盐传感器、测量系统及方法；一种基于 CAN 总线的多通道海水营养盐检测仪控制系统及控制方法；一种基于激光致声的海洋流速探测系统及探测方法；一种基于 FBG 阵列的海水表层温度密集剖面传感器；一种自适应距离选通水下激光成像仪及其成像方法。

表 6-26　中国科学院海洋研究所

机构名称	中国科学院海洋研究所
基本信息	中国科学院海洋研究所始建于 1950 年 8 月 1 日，是新中国第一个专门从事海洋科学研究的国立机构，是我国海洋科学的发源地。70 多年来在我国海洋基础研究领域做出了许多奠基性和开创性的工作，引领了我国海洋科学的发展，目前仍然是我国规模最大、综合实力最强的综合海洋研究机构之一。

续表

研发方向	深海技术装备研发、深海研究体系建设及深海极端环境与战略性资源探索
研发人员	研究所目前有在编职工 700 余人，其中专业技术人员 600 余人，两院院士 3 人，博、硕士生导师 170 余人，在读研究生 500 余人，在站博士后 120 余人。设有一级博士学位点 3 个，二级博士学位点 9 个，硕士学位点 10 个、专业硕士学位点 2 个和海洋科学、水产 2 个博士后流动站。
研发平台	实验海洋生物学、海洋生态与环境科学、海洋环流与波动、海洋地质与环境、海洋环境腐蚀与生物污损 5 个中科院重点实验室以及海洋生物分类与系统演化实验室、深海研究中心，建有国家海洋腐蚀防护工程技术研究中心、海洋生态养殖技术国家地方联合工程实验室、海洋生物制品开发技术国家地方联合工程实验室 3 个国家级科研平台
专利布局	共申请专利 1 952 项，其中发明专利 1 562 项、实用新型 337 项、外观设计 53 项，其中关于海洋技术装备方面的重点专利有：含石墨烯基纳米材料 / 氧化锌量子点的防腐防污纳米复合材料及应用；一种渗剂可重复使用的镁合金表面渗锌方法及所用渗剂；一种压力与光敏组合控制的水下设备回收定位装置及方法；一种硫离子响应型纳米容器和应用；一种 pH 响应型聚合物膜及其制备方法等。

表 6-27　中国科学院声学研究所

机构名称	中国科学院声学研究所
基本信息	中国科学院声学研究所（简称声学所）成立于 1964 年，是从事声学和信息处理技术研究的综合性研究所，总部位于北京市海淀区。
研发方向	水声物理与水声探测技术、环境声学与噪声控制技术、超声学与声学微机电技术、通信声学和语言语音信息处理技术、声学与数字系统集成技术、高性能网络与网络新媒体技术
研发人员	拥有包括 4 位中国科学院院士在内的优秀科技和管理人才队伍。截至 2020 年年底，共有专业技术人员 800 余人，包括正高级人员 120 余人，副高级人员 240 余人。
研发平台	声场声信息国家重点实验室、国家网络新媒体工程技术研究中心等 9 个研究单元；在海南建有南海研究站、在上海建有东海研究站、在青岛建有北海研究站。
专利布局	共申请专利 2 433 项，其中发明专利 2 097 项、实用新型 324 项、外观设计 12 项，其中关于声学和信息处理方面的重点专利有：一种面向水中目标识别的声学 Haar 特征提取方法及系统；一种基于方位历程图的水声目标方位跟踪方法及系统；一种基于测深侧扫声呐的近场逐点聚焦 DOA 方法；一种基于深度学习的双通道声源定位方法；一种基于两级 CNN 的船舶辐射噪声信号识别方法；一种基于两类辅助数据的空时自适应检测方法等。

表 6-28 中国科学院上海光学精密机械研究所

机构名称	中国科学院上海光学精密机械研究所
基本信息	中国科学院上海光学精密机械研究所（简称：上海光机所）成立于 1964 年 5 月，是我国建立最早、规模最大的激光科学技术专业研究所。发展至今，已形成以探索现代光学重大基础及应用基础前沿、发展大型激光工程技术并开拓激光与光电子高技术应用为重点的综合性研究所。
研发方向	强激光技术、强场物理与强光光学、空间激光与时频技术、信息光学、量子光学、激光与光电子器件、光学材料等。
研发人员	全所现有职工 1 000 余人，专业技术人员 900 余人，先后有 9 位专家当选为中国科学院、中国工程院院士
研发平台	"神光Ⅱ"综合高功率激光装置；超强超短激光装置，新一代超强超短激光综合实验装置；空间激光原子冷却和冷原子钟、空间全固态激光器、高性能激光材料和器件等研究平台。
专利布局	共申请专利 3 934 项，其中发明专利 3 202 项、实用新型 726 项、外观设计 6 项，其中关于光学方面的重点专利有：用于全数字接收机的并行符号同步系统及方法；一种消除相干合束中束间空间抖动及优化光束质量的方法；一种用于高功率激光器远场成像系统的高精度离线调试方法；皮肤光学相干层析成像图像中表皮层的自动识别方法；一种矢量补偿体布拉格光栅角度偏转器的制备方法；基于光谱估计与电子分光技术的光学元件表面疵病检测方法等。

表 6-29 自然资源部第一海洋研究所

机构名称	自然资源部第一海洋研究所
基本信息	自然资源部第一海洋研究所（简称"海洋一所"）始建于 1958 年，是自然资源部直属的正局级事业单位。主要从事基础研究、应用基础研究和社会公益服务的综合性海洋研究所，有崂山和鳌山（在建）两个所区。
研发方向	海底过程与资源、海洋环境与数值模拟、海洋生态安全与修复、海洋气候与防灾减灾、海洋环境信息与保障、海洋空间管理与规划。
研发人员	拥有 530 余人的科学研究、技术支撑和业务管理队伍，其中高级职称 190 余人；有多个博士点（共建）、6 个硕士点和 1 个博士后科研工作站。
研发平台	建有 6 个省部级科技创新平台，承办了 9 个国际合作机构；拥有国际领先的全球级海洋综合科学考察船"向阳红 01"、大洋级海洋综合科学考察船"向阳红 18"及国际一流水平的海洋调查装备和实验测试设备。

续表

专利布局	共申请专利 287 项，其中发明专利 226 项、实用新型 61 项，其中关于海洋观探测方面的重点专利有：深海浮标锚系尼龙绳弹性系数标定方法；一种基于立体测图方式的海浪表面三维模型构建系统及方法；一种可实现低速、恒速拖带作业的科学考察船；一种利用超短基线实现水下精确作业的方法；海洋自主探矿系统以及集群自巡航方法；一种海流剖面观测筏、布设方法、随船定点观测系统等。

表 6-30　国家海洋技术中心

机构名称	国家海洋技术中心
基本信息	国家海洋技术中心创建于 1965 年，是自然资源部直属的正局级事业单位。主要职责是负责全国海洋观测业务支撑和海洋可再生能源产业发展管理支撑工作，为国家海洋自然资源管理、海洋公益服务及海洋安全保障提供技术支撑，开展我国海洋领域基础性、前沿性和关键共性技术创新。
研发方向	海洋资源开发、海洋能源、海洋环境保护、海底地质勘察、海气相互作用、海洋生物学、海洋化学、海洋物理学、海底工程建设
研发人员	编制 475 人，80% 以上是业务科研人员。
研发平台	威海、舟山、珠海和三亚（深海）4 个试验场区的"北东南、浅海 + 深远海"的试验场地布局。拥有国内规模最大的海洋观监测仪器设备动力环境实验室，以及海洋观测网设计与状态监控技术实验室、海洋高性能传感器实验室、海洋剖面运动测量技术实验室、海底观测技术实验室、海洋装备可靠性和环境适应性综合测试实验室、深海可视压力实验室、海洋声学实验室、海洋光学和微波遥感定标检验技术实验室、海洋可再生能源能量转换和测试技术实验室、海洋空间规划和资源管理技术实验室、海洋生化和放射性实验室等一批特色突出、功能先进的专业实验室和试验设施。
专利布局	共申请专利 419 项，其中发明专利 208 项、实用新型 209 项、外观设计 2 项，其中关于海洋观探测和可再生能源方面的重点专利有：一种基于碘化钠探测器的低本底解谱方法；一种基于希尔伯特曲线变换与深度学习的能谱分析方法；浮力摆式波浪能发电装置可靠性测试试验平台；一种用于海气界面水边界层的温度剖面精细化测量传感器；一种潮流能发电装置年发电量估算方法；一种星载合成孔径雷达风速风向联合反演方法及系统；一种开放式海岛多能互补直流微电网模拟实验平台等。

表 6-31　中国海洋大学

机构名称	中国海洋大学
基本信息	中国海洋大学是一所海洋和水产学科特色显著、学科门类齐全的教育部直属重点综合性大学，位于青岛。

续表

研发方向	海洋 GIS 与虚拟海洋技术、海洋通信与网络技术、海洋信息处理与系统集成技术，以及海洋导航与定位技术
研发人员	中国海洋大学海洋信息技术教育部工程研究中心于 2009 年 12 月获准成立，2018 年 7 月正式运行，现有在职固定科技人员 75 名，流动人员 3 名。
研发平台	海洋信息技术教育部工程研究中心
专利布局	共申请专利 7 739 项，其中授权发明 3 238 项、发明申请 3 091 项、实用新型 1 390 项、外观设计 20 项，其中关于海洋大数据方面的重点专利有：一种海洋大数据文本分类方法及系统；一种面向海洋大数据集群的日志存储方法及系统；海洋大数据共享分发风险控制模型及方法；面向保密需求的海洋大数据敏感度评估系统及防范方法。

表 6-32　浙江大学

机构名称	浙江大学
基本信息	浙江大学是一所特色鲜明、在海内外有较大影响的综合型、研究型、创新型大学，有 7 个校区，注重精研学术和科技创新，主动服务重大战略需求，加快打造国家战略科技力量，建设了一批开放性、国际化的高端学术平台。
研发方向	海洋观探测、极地技术、海洋能发电、智慧海洋、海洋设施养殖与智能装备研究、海洋工程材料、海洋蓝碳技术、深海环境过程研究等
研发人员	舟山海洋研究中心共计引育国家和省部级高层次人才 40 名，获批省领军型创新团队 1 个，引进院士专家团队 3 个，获批省级院士专家工作站和博士后工作站各 1 个，建设国家及省部级科研平台 6 个
研发平台	海洋研究院、舟山海洋研究中心
专利布局	共申请专利 7 739 项，其中授权发明专利 3 238 项、发明申请 3 091 项、实用新型 1 390 项、外观设计 20 项，其中关于海洋大数据方面的重点专利有：一种海洋大数据文本分类方法及系统；一种面向海洋大数据集群的日志存储方法及系统；海洋大数据共享分发风险控制模型及方法；面向保密需求的海洋大数据敏感度评估系统及防范方法。

表 6-33　天津大学

机构名称	天津大学
基本信息	天津大学是一所师资力量雄厚、学科特色鲜明、教育质量和科研水平居于国内一流、在国际上有较大影响的高水平研究型大学，"211 工程""985 工程"首批重点建设的大学，入选国家"世界一流大学建设"A 类高校，位于天津。
研发方向	海洋数据工程，海洋观测技术研究，海洋观测理论研究以及仪器研发、平台搭建，航海导航技术研究，环境科学研究

续表

研发人员	研究院以天津大学涉海专业优秀科研团队为人才基础，打造了由院士等高层次人才领衔、以天津大学优秀科研教师为骨干、以拥有博士和硕士学位的涉海人才为主要科研实践力量的综合科研团队
研发平台	天津大学青岛海洋工程研究院
专利布局	共申请专利 20 888 项，其中发明专利 16 606 项、实用新型 4 013 项、外观设计 269 项，其中关于海洋观探测方面的重点专利有：一种用于无人自制水下机器人的传感器拖曳装置；基于 AIS 大数据对海上船舶可航流形框架的提取方法；一种利用深海压强制备超临界流体的方法；一种用于提高海洋立管焊接接头疲劳性能的焊接方法；用于千米级海洋风能无人航行器的风速风向传感器及方法等。

表 6-34　哈尔滨工程大学

机构名称	哈尔滨工程大学
基本信息	哈尔滨工程大学源自 1953 年创办的中国人民解放军军事工程学院（哈军工），首批"211工程"重点建设高校、国家优势学科创新平台项目建设高校，2017 年进入国家"双一流"建设行列。学校坚持"三海一核"（船舶工业、海军装备、海洋开发、核能应用）办学方略，为我国船舶工业、核工业、国防现代化和经济社会发展做出了重要贡献，已成为我国船海核领域高水平研究型大学。位于哈尔滨。
研发方向	水下机器人、减振降噪、船舶减摇、船舶动力、组合导航、水声定位、水下探测、核动力仿真、大型船舶仿真验证评估、高性能舰船设计
研发人员	现有教职工 2 945 人，其中专任教师 1 916 人，具有高级专业技术职务的专任教师 1 254 人。教师队伍中现有院士 7 人（含双聘），"全国创新争先奖"获得者 4 人，各类国家级人才 110 人次，各类省部级人才 120 人次
研发平台	"深海工程与高技术船舶""核动力安全与仿真技术"协同创新中心；"舰船动力""先进海洋材料""极地技术与装备""船舶智能导航与控制"协同创新中心；"核动力安全与仿真技术"协同创新中心
专利布局	共申请专利 12 060 项，其中发明专利 10 533 项、实用新型 1 304 项、外观设计 223 项，其中关于船舶与海洋工程方面的重点专利有：一种多明轮联合推进的海上浮式移动平台；一种小算力驱动的水面无人艇多目标跟踪方法；一种用于水下探测设备工作环境降噪的方法；基于 OFDM 的水下电流场通信方法；一种适用于舰用设备抗冲击的复合隔振器；一种水下海洋工程表面用诱导固着生物的砂浆及制备方法；一种减少船舶推进主机接排降速的断缸控制方法。

参考文献

［1］杨红生.现代水产种业硅谷建设的几点思考［J］.海洋科学,2018,42(10):1-7.

［2］李健.中国对虾"黄海3号"新品种的培育［J］.渔业科学进展,2015(36):61.

［3］孔杰.中国对虾新品种"黄海2号"的培育［J］.水产学报,2012(36):1854.

［4］杨阳.三疣梭子蟹"黄选2号",中国农业科技,2020(04):55.

［5］周玮.我国海胆养殖现状及存在问题,水产科学,2008(27):151.

［6］我国海水珍珠养殖技术或实现弯道超车,水产养殖,2016(11):35.

［7］沙椿,柯玉军,袁景花,等.工程物探手册［M］.北京:中国水利水电出版社.2011.

［8］徐行.我国海洋地球物理探测技术发展现状及展望［J］.华南地震,2021,41(2):1-12.

［9］许欣欣.无人机遥感海洋监测技术及其发展［J］.科技传播,2019,11(7):97-98.

［10］贾蕴,申景诗,崔久鹏,等.空天一体海洋环境监测网体系研究［C］.//中国惯性技术学会高端前沿专题学术会议:钱学森讲坛:天空海一体化水下组合导航会议论文集.2017.

［11］蒋冰,郑艺,华彦宁,等.海上应急通信技术研究进展［J］.科技导报,2018,36(6):28-39.

［12］夏明华,朱又敏,陈二虎,等.海洋通信的发展现状与时代挑战［J］.中国科学:信息科学,2017,47(6):677-695.

［13］IMO. NAVTEX manual［M］. London: International Mari-time Organization, 2012.

［14］IMO. CMDSS manual［M］. London: Internationał Mari-time Organization，2015.

［15］国际电工委员.海上航行和通信设备与系统——B 级船载自动识别系统（AIS）: IEC 62287 -1［M］.日内瓦：国际电工委员会，2017.

［16］王权，刘清波，王悦，熊越，袁丽，等.天基通信系统在智慧海洋中的应用研究.航天器工程，2019，28（2）：126 - 133.

［17］吴建军，程宇新，梁庆林，等.第二铱星系统（ Iridi-um Next）及其搭载应用概况［C］/2010 第六届卫星通信新业务新技术学术年会论文集.北京：中国通信学会，2010：304-313.

［18］张平，秦智超，陆洲.天地一体化信息网络天基宽带骨干互联系统初步考虑.中兴通讯技术，2016，22.129（4）：24-28.

［19］吴曼青，吴巍，周彬，等.天地一体化信息网络总体架构设想［J］.卫星与网络，2016，158（3）：30-36.

［20］黄惠明，常呈武.天地一体化天基骨干网络体系架构研究［J］.中国电子科学研究院学报，2015，61（5）：460-491.

［21］王俊，杨进佩，梁维泰，等.天地一体化网络信息体系构建设想［J］.指挥信息系统与技术，2016，40（4）：59-65.

［22］高建文，肖双爱，虞志刚，等.面向海洋全方位综合感知的一体化通信网络［J］.中国电子科学研究院学报，2020，4：343-349.

［23］杨帆.水下信息传输网及其关键技术分析研究［J］.通信技术,2018,51（05）：1073-1081.

［24］聂婕，子杰，黄磊，王志刚，等.面向海洋的多模态智能计算：挑战、进展和展望［J］.中国图像图形学报，27（09）：2589-2610.

［25］IBM 沃森研发中心官网［EB/OL］. https://www.ibm.com/cn-zh/watson.

［26］王志文.综合施策推进海洋信息经济发展［J］.浙江经济，2018（15）：62-62.

［27］关于政协十三届全国委员会第三次会议第 4051 号（资源环境类 251 号）提案答复的函［R/OL］. http://gi.mnr.gov.cn/202011/t20201102_2581254.html. 2020.

［28］王妍，魏莱.构建智慧海洋体系，建设世界海洋强国［J］.今日科苑，2021

（11）：66-73.

［29］刘陈真子，化蓉，费梓凡，韦有周，周剑．新形势下海洋信息服务业发展的国内外经验分析与借鉴［J］．海洋经济，2022，12（4）：103-112.

［30］李民，刘勇．中国海洋仪器产业发展现状与趋势［J］．中国海洋经济，2017(2)：35-44.

［31］智慧海洋大数据共享云平台建设方案［R］．天津：国家海洋信息中心，2018.

［32］国家重点研发计划"海洋环境安全保障"重点专项"海洋大数据分析预报技术研发"项目实施方案［R］．天津：国家海洋信息中心，2019.

［33］张铭君，冯海洲．超算在海洋大数据和信息产业中的发展应用现状［J］．电脑知识与技术：学术版，2020，16（25）：220-222.

［34］姜晓轶，康林冲，符昱，孙苗．海洋信息技术新进展［J］．海洋信息，2020，35（1）：1-5.

［35］王军成，孙继昌，刘岩，刘世萱，张颖颖，陈世哲，漆随平，王波，厉运周，曹煊，高杨，郑良．我国海洋监测仪器装备发展分析及展望［J］．中国工程科学，2023，25（3）：42-52.

［36］化蓉，段晓峰，郭越，付瑞全．我国海洋信息产业发展现状、问题及有关建议［J］．海洋经济，2023，13（3）：58-62.

［37］Ma Y L, Zhang Q F, Wang H L. 6G: Ubiquitous extending to the vast underwater world of oceans［J］. Engineering, 2022, 8: 12-17.

［38］海洋应用系统整合集成建设方案［R］．天津：国家海洋信息中心，2017.

［39］姜晓轶，符昱，康林冲，王漪．海洋物联网技术现状与展望［J］．海洋信息，2019，34（03）：7-11.

［40］宋宪仓，杜君峰，王树青，李华军．海洋科学装备研究进展与发展建议［J］．中国工程科学，2020，22（06）：76-83.

［41］杨锦坤，韩春花，韦广昊，田先德，李维禄．海洋大数据的内涵、现状与发展趋势展望［J］．海洋信息技术与应用，2023，38（01）：1-8.

［42］李红艳，孙元芹，刘天红，等．山东省海洋保健食品产业现状与发展对策研究［J］．渔业研究，2023，45（2）：169-174.

［43］逄浩辰，王秀娟，张海坤．山东省海洋生物大健康产业现状调查分析及发展建议［J］．中国科技产业，2022.

［44］张栋华，杨剑，孙逊，于学钊，赵峡．山东省海洋生物医药产业发展研究［J］．海洋开发与管理，2021.

［45］孙元芹，李晓，王颖，等．我国海洋生物医药产业发展分析［J］．渔业信息与战略，2021.

［46］翟璐，刘康，韩立民．我国"蓝色粮仓"关联产业发展现状、问题及对策分析［J］．海洋开发与管理，2019.

［47］张荣彬，唐旭．中国海洋食品开发利用及其产业发展现状与趋势［J］．食品与机械，2017.

［48］董诗婷，陈弘培，赵慧等．海洋生物功能性脂类的研究进展［J］．农产品加工，2017.

［49］王祎，李志，李芝凤，等．基于产业链分析的海洋工程装备制造业发展研究［J］．海洋开发与管理，2015（7）：40-43.

［50］张偲，权锡鉴．我国海洋工程装备制造业发展的瓶颈与升级路径［J］．经济纵横，2016（8）：95-100.

［51］牟秀娟，倪国江，王琰，烟台市船舶与海工装备产业高质量发展研究．海洋开发与管理，2022，39（8）：109-114.

［52］杨俊成，张俊奇，陈亮．我国海洋油气钻井装备技术现状及展望．石油石化物资采购，2022（10）：94-96.

［53］张海彬．深水钻探装备技术发展现状及展望［J］．船舶，2022，33（2）：1-12.

［54］姜月，刘放，黄世平．深海采矿工艺流程及主要装备［J］．现代制造技术与装备，2021，57（4）：155-158.

［55］王懿，段梦兰，焦晓楠．深水油气开发装备发展现状及展望［J］．石油机械，2013，41（10）：51-55.

［56］符妃．我国海洋工程装备发展现状及对策研究［J］．中国设备工程，2020（13）：213-214.

［57］王祎，李志，李芝凤，等．基于产业链分析的海洋工程装备制造业发展研究［J］．海洋开发与管理，2015（7）：40-43.

［58］张偲，权锡鉴.我国海洋工程装备制造业发展的瓶颈与升级路径［J］.经济纵横，2016（8）：95-100.

［59］牟秀娟，倪国江，王琰.烟台市船舶与海工装备产业高质量发展研究.海洋开发与管理，2022，39（8）：109-114.

［60］杨俊成，张俊奇，陈亮.我国海洋油气钻井装备技术现状及展望.石油石化物资采购，2022（10）：94-96.

［61］张海彬.深水钻探装备技术发展现状及展望［J］.船舶，2022，33（2）：1-12.

［62］姜月，刘放，黄世平.深海采矿工艺流程及主要装备［J］.现代制造技术与装备，2021，57（4）：155-158.

［63］王懿，段梦兰，焦晓楠.深水油气开发装备发展现状及展望［J］.石油机械，2013，41（10）：51-55.

［64］符妃.我国海洋工程装备发展现状及对策研究［J］.中国设备工程，2020（13）：213-214.

［65］中国船舶工业行业协会.海工装备市场发展报告 2023［R］.2023.6.

［66］海洋石油工程公司.海洋石油工程股份有限公司 2022 年年度报告［R］.2023.3.

附录1　海洋新兴产业指数指标体系

一级指标	序号	二级指标	指标单位	指标解释
人力投入	1	海洋新兴产业人员平均薪酬	元	期内海洋新兴产业相关企业招聘职位平均薪酬
	2	海洋新兴产业研发人员数	人	期内海洋新兴产业相关企业申请发明专利的发明人数量
资本热度	3	海洋新兴产业融资次数	次	期内海洋新兴产业相关企业公开获得的融资次数
	4	海洋新兴产业融资额	亿元	期内海洋新兴产业相关企业公开披露的融资总额
	5	海洋新兴产业招标数	项	期内海洋新兴产业相关企业公开的招标数量
科创能力	6	海洋新兴产业发明专利申请数	项	期内海洋新兴产业相关企业新增的发明专利申请数量
	7	海洋新兴产业专利转化数	项	期内海洋新兴产业相关企业发生转让、许可的专利数量
市场信心	8	海洋新兴产业中标数	项	期内海洋新兴产业相关企业中标数量
	9	海洋新兴产业新增企业数	家	期内海洋新兴产业新增企业数量
	10	海洋新兴产业新增企业注册资本额	亿元	期内海洋新兴产业新增企业的注册资本总额

附录2 海洋新兴产业范畴说明

海洋新兴产业目前尚无标准定义。一般认为海洋新兴产业是以海洋高科技为基础，以海洋高新科技成果产业化为核心内容，具有广阔市场前景和重大发展潜力，对相关海陆产业具有较大带动作用，可以有利增强国家海洋全面开发能力的海洋产业。课题组以《海洋及相关产业分类》（GBT 20794-2006）为基础，综合《海洋高技术产业分类》（HY/T 130-2010），《战略性新兴产业分类（2018）》（国家统计局令第23号），梳理出 133 个小类，定义为海洋新兴产业，并在此基础上，通过运用自然语言处理技术，构建算法识别模型，实现了相关企业的自动识别和分类。未来将在《海洋及相关产业分类》（GBT 20794-2021）进行更新完善。

海洋新兴产业分类

大类	种类	编号	小类
海洋工程装备制造业 01	海洋石油生产设备制造 011	0111	海洋石油勘探装备制造
		0112	海洋石油钻采专用设备制造
		0113	海洋石油自动控制系统装置制造
		0114	海洋石油储油装置制造
		0115	海洋石油生产配套设备制造
	海洋矿产设备制造 012	0121	海洋矿产勘探装备制造
		0122	海洋采矿专用设备制造
	海洋可再生能源利用装备制造 013	0131	海洋潮汐能源原动机制造
		0132	海洋波浪能源原动机制造
		0133	海洋潮流能源原动机制造
		0134	海洋温盐差能源原动机制造
		0135	海洋风能发电装备制造
		0136	海洋电力供应用仪表制造
		0137	海洋电力自动控制系统装置制造

续表

大类	种类	编号	小类
海洋工程装备制造业 01	海水利用设备制造 014	0141	海水淡化专用分离设备制造
		0142	海水淡化供应设备制造
		0143	海水淡化自动控制系统装置制造
		0144	海水处理专用设备制造
		0145	海水直接利用供应设备制造
		0146	海水直接利用专用泵及管道设备制造
	海洋渔业专用设备制造 015	0151	海洋渔业机械与配件制造
		0152	海洋渔业导航设备制造
	海洋观测装备制造 016	0161	海洋水文专用仪器制造
		0162	海洋气象专用仪器制造
		0163	海洋化学专用仪器制造
		0164	海洋地球物理专用仪器制造
		0165	海洋地质专用仪器制造
		0166	海洋航海专用仪器制造
		0167	海洋浮标制造
	海洋环境保护装备制造 017	0171	海洋环境监测专用仪器仪表制造
		0172	海洋环境污染防治专用设备制造
	水下探测开发设备 018	0181	水下平台
		0182	水下作业设备
		0183	水下通用技术设备
海洋药物和生物制品业 02	海洋药品制造 021	0211	海洋生物药品制造
		0212	海洋化学药品制剂制造
		0213	中药饮片加工
		0214	中成药生产

续表

大类	种类	编号	小类
海洋药物和生物制品业 02	海洋保健品制造 022	0221	海洋保健品制造
	海洋生物制品制造 023	0231	海洋生物酶制剂制造
		0232	海洋绿色农用生物制剂制造
		0233	海洋生物功能材料制造
海洋可再生能源利用业 03	海洋能利用 031	0311	海洋潮汐能利用
		0312	海洋波浪能利用
		0313	海洋潮流能利用
		0314	海洋温差能利用
		0315	海洋盐差能利用
	海洋风能发电 032	0321	海洋风能发电
	海洋生物质能利用 033	0331	海洋生物质能利用
海水利用业 04	海水直接利用 041	0411	海水冷却
		0412	海水脱硫
		0413	大生活用水
	海水淡化 042	0421	工业用淡水制造
		0422	饮用水制造
海洋新材料制造业 05	海洋防护材料制造 051	0511	海港工程防水材料制造
		0512	海洋工程防腐涂料制造
		0513	海洋船舶防护涂料制造
		0514	抗海洋微生物附着材料制造
	海洋环境污染处理材料技术 052	0521	海洋环境污染处理专用材料制造
	海洋领域特殊用途材料制造 053	0531	深水潜水玻璃钢装具制造

续表

大类	种类	编号	小类
海洋新材料制造业 05	海洋领域特殊用途材料制造 053	0532	深潜器外壳材料制造
		0533	潜艇用高性能锻钢制造
		0534	轻型高强陶瓷深海探测材料制造
		0535	水听器和水听器阵用的橡胶制品制造
		0536	水密光纤、电缆制造
		0537	深海传感器特种材料制造
		0538	海底特种钢缆制造
		0539	石油空心钻钢制造
海洋高技术服务业 06	海洋信息服务业 061	0611	海洋卫星服务
		0612	海洋遥感服务
		0613	甚高频无线电话服务
		0614	海底通讯服务
		0615	海洋基础软件服务
		0616	海洋应用软件服务
		0617	海洋信息系统集成服务
		0618	海洋数据处理和存储服务
	海洋专业技术服务 062	0621	海洋测绘服务
		0622	海洋技术检测
		0623	海洋开发评估服务
		0624	海洋调查与科学考察服务
		0625	海洋地质勘查技术服务
		0626	海洋工程技术服务
		0627	海洋技术推广服务
		0628	海洋科技交流服务
	海洋环境治理与修复 063	0631	海上排污治理

续表

大类	种类	编号	小类
海洋环境治理与修复 063	海洋环境治理与修复 063	0632	海洋倾废治理
		0633	海洋污染生态修复
		0634	海洋灾害生态修复
	海洋环境监测预报服务 064	0641	岸站观测
		0642	离岸监测
		0643	海洋环境要素预报
		0644	海洋灾害预警预报
	涉海金融服务业 065	0651	涉海金融服务业
（现代）海洋渔业 07	海洋高效增养殖业 071	0711	海上高效养殖
		0712	滩涂高效养殖
	海洋渔业技术服务 072	0721	海水苗种生产技术服务
		0722	海洋生物良种培育技术服务
		0723	海洋渔业资源保护及增殖服务
（现代）海洋油气业 08	海洋石油和天然气开采 081	0811	海洋原油开采
		0812	海洋天然气开采
		0813	海底可燃冰开采
	海洋石油和天然气开采服务 082	0821	海上油气生产系统服务
		0822	海上油气集输系统服务
		0823	海上油气储油系统服务
（现代）海洋矿业 09	海滨铁矿及稀土金属采选 091	0911	海滨黑色金属矿采选
		0912	海滨稀土金属矿采选
	深海采矿 092	0921	大洋多金属结核、结壳开采
		0922	海底热液矿床开采
		0923	海底化学矿采选
		0924	海底地热开采
		0925	海底煤矿、金属矿采选

续表

大类	种类	编号	小类
（现代）海洋化工业 10	盐化工产品制造 101	1011	无机碱制造
		1012	无机盐制造
	海洋石油化工 102	1021	海洋石油化工产品制造
	海藻化工 103	1031	溴化物及其盐制造
		1032	碘化物及其盐制造
（现代）海洋船舶工业 11	海洋船舶制造 111	1111	海洋金属船舶
		1112	海洋非金属船舶
		1113	海洋娱乐和运动船舶
	海洋固定及浮动装置制造 112	1121	海洋浮式装置制造
		1122	海洋固定停泊装置制造
	海洋船舶设备制造 113	1131	海洋船舶发动机和推进设备制造
		1132	海洋船舶舱室机械和管路设备制造
		1133	海洋船舶电气设备制造
		1134	海洋船舶导航、通讯设备制造
（现代）海洋工程建筑业 12	海上工程建筑 121	1211	海洋矿产资源开发利用工程建筑
		1212	海洋油气资源开发利用工程建筑
		1213	海洋能源开发利用工程建筑
		1214	海洋空间资源开发利用工程建筑
	海底工程建筑 122	1221	海底隧道工程建筑
		1222	海底电缆、光缆的铺设
		1223	海底管道铺设
		1224	海底仓库建筑